广东海洋经济发展报告 2024

广东省自然资源厅
广东省发展和改革委员会 编著

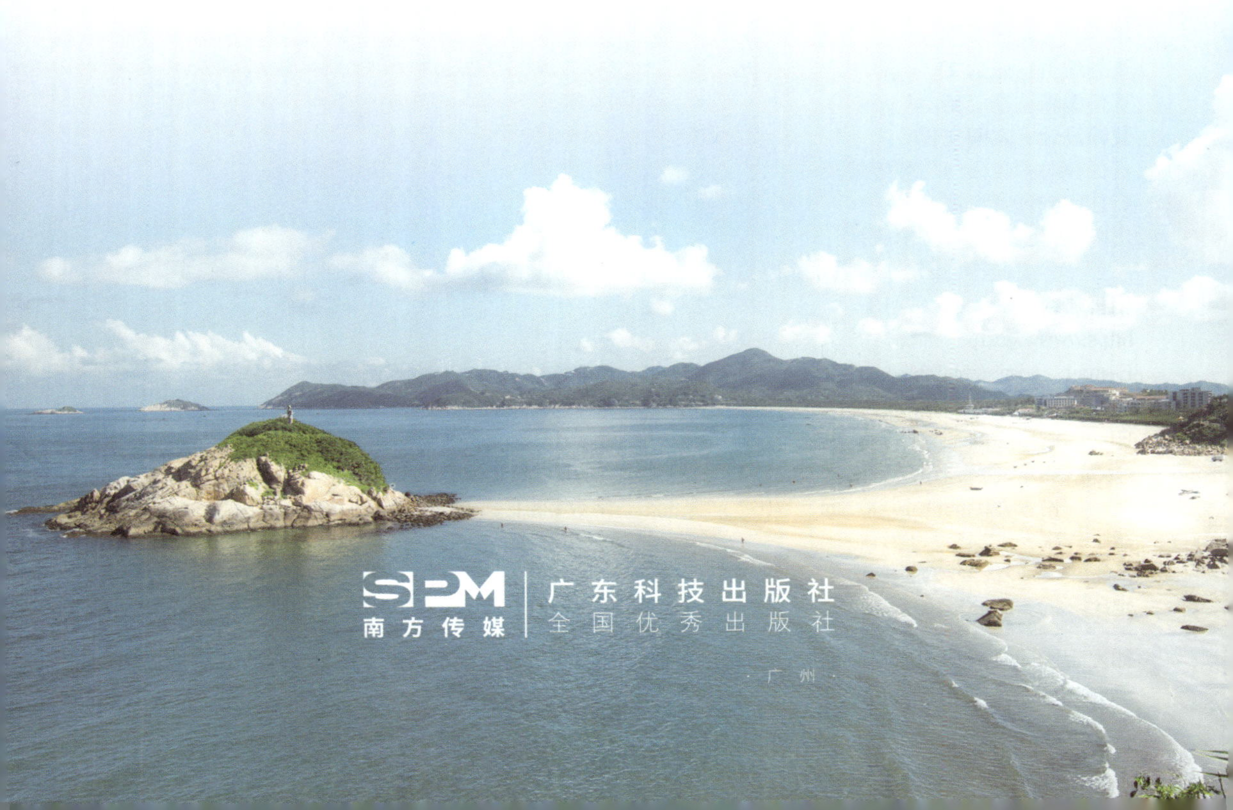

SPM 南方传媒
广东科技出版社
全国优秀出版社
·广州·

图书在版编目（CIP）数据

广东海洋经济发展报告. 2024 / 广东省自然资源厅，
广东省发展和改革委员会编著. -- 广州：广东科技出版社，
2024. 7. -- ISBN 978-7-5359-8360-2

Ⅰ. P74

中国国家版本馆CIP数据核字第2024AE7716号

广东海洋经济发展报告（2024）
Guangdong Haiyang Jingji Fazhan Baogao (2024)

出 版 人：严奉强
策划编辑：张远文
责任编辑：李　杨
装帧设计：友间文化
责任校对：李云柯　廖婷婷
责任印制：彭海波
出版发行：广东科技出版社
　　　　　（广州市环市东路水荫路11号　邮政编码：510075）
销售热线：020-37607413
https://www.gdstp.com.cn
E-mail：gdkjbw@nfcb.com.cn
经　　销：广东新华发行集团股份有限公司
印　　刷：广州一龙印刷有限公司
　　　　　（广州市增城区荔新九路43号1幢自编101房　邮政编码：511340）
规　　格：720 mm×1 000 mm　1/16　印张6.25　字数125千
版　　次：2024年7月第1版
　　　　　2024年7月第1次印刷
定　　价：98.00元

如发现因印装质量问题影响阅读，请与广东科技出版社印制室联系调换（电话：020-37607272）。

前 言

　　2023年是全面贯彻党的二十大精神的开局之年，也是广东海洋事业发展史上具有里程碑意义的一年。习近平总书记亲临广东视察，亲自为广东现代化建设定向导航，赋予广东新的使命任务，强调"要加强陆海统筹、山海互济，强化港产城整体布局，加强海洋生态保护，全面建设海洋强省"，为广东加快建设海洋强省、在推进中国式现代化建设中走在前列指明了方向。

广东省委、省政府深入贯彻落实习近平总书记视察广东重要讲话、重要指示精神，以及关于海洋发展的系列重要论述精神，锚定"走在前列"总目标，激活改革、开放、创新"三大动力"，在推进新阶段粤港澳大湾区建设、实施"百县千镇万村高质量发展工程"、实现高水平科技自立自强、全面建设海洋强省、构建绿美广东生态建设格局等方面聚焦用力，加快形成和发展海洋新质生产力，努力在打造"海上新广东"上取得新突破，为建设海洋强国作出新的更大贡献。

为全面反映广东海洋经济发展情况，广东省自然资源厅、广东省发展和改革委员会共同组织编写了《广东海洋经济发展报告（2024）》（以下简称《报告》）。《报告》总结了2023年广东海洋经济发展总体情况以及重点工作，介绍了沿海地级以上城市及佛山市海洋经济发展主要成效，提出了2024年广东海洋经济工作计划。

《报告》在编写过程中得到了省直有关部门、沿海地级以上城市及佛山市相关涉海主管部门的大力支持，在此一并表示感谢。

编者

2024年6月

目
录

第一章

2023年广东海洋经济发展
总体情况

▶ 第一节 ◀ 海洋经济总体运行情况

一、海洋经济总量全国领先，成为引领地区经济发展的"蓝色引擎"

海洋经济总量连续29年居全国首位。面对经济恢复波浪式发展、曲折式前进，重点领域风险隐患较多等新形势新挑战，广东紧紧围绕实现习近平总书记赋予的使命任务，认真落实省委"1310"具体部署，坚持稳中求进工作总基调，全面推进海洋强省建设，加快打造"海上新广东"，全省海洋经济回升向好，海洋经济支撑高质量发展的"压舱石"作用不断凸显。据初步核算，2023年全省海洋生产总值为18 778.1亿元①，同比名义增长4.0%，占地区生产总值的13.8%，占全国海洋生产总值的18.9%（图1-1）。海洋经济对地区经济名义增长的贡献率达到11.0%，拉动地区经济名义增长0.6个百分点，服务稳住经济大盘取得积极成效。

---

① 按照统计程序，本报告中涉及的海洋生产总值、海洋产业增加值数据均为自然资源部反馈数据。2021年最终核实数据为17 098.1亿元，2022年初步核实数据为18 059.6亿元。相关数据后续调整以自然资源部最终核实反馈为准。

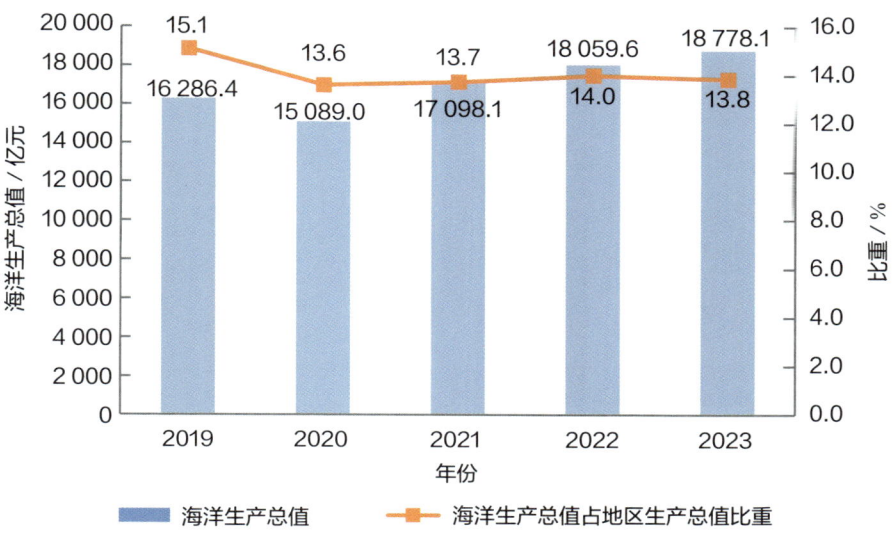

图1-1 2019—2023年全省海洋生产总值及占地区生产总值比重

海洋产业结构持续优化。2023年全省海洋三次产业结构比为3.3∶31.4∶65.3（图1-2）。实体经济发展取得新成效，海洋制造业[①]增加值为4 675.1亿元，同比名义增长4.9%，在海洋经济发展中的贡献作用持续增强。海洋产业增加值为6 809.4亿元（图1-3）。全省海洋生产总值构成见图1-4。

[①] 海洋制造业包括海洋水产品加工业、海洋船舶工业、海洋工程装备制造业、海洋化工业、海洋药物和生物制品业、涉海设备制造、涉海材料制造、涉海产品再加工。

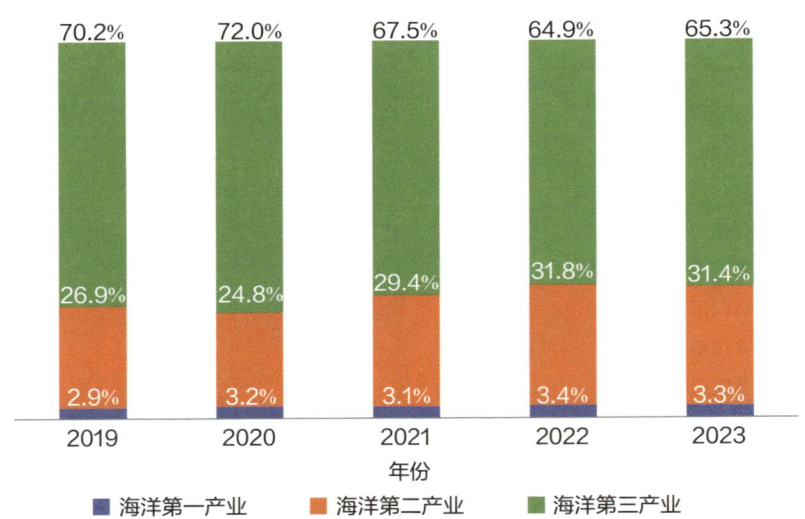

图1-2　2019—2023年全省海洋三次产业增加值占海洋生产总值比重

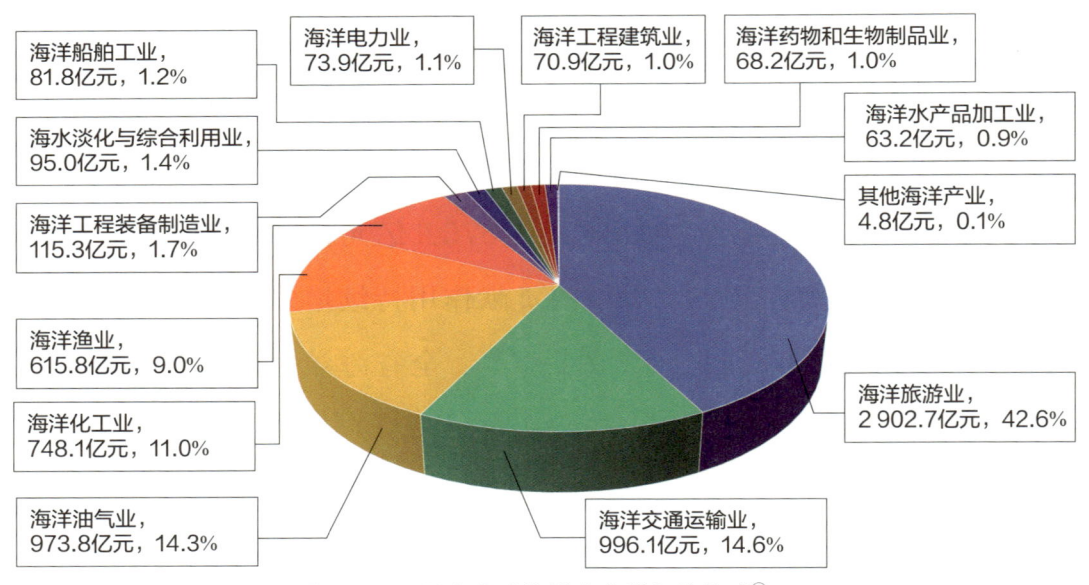

图1-3　2023年全省海洋产业增加值构成①

---

① 图1-3中其他海洋产业包括沿海滩涂种植业、海洋盐业和海洋矿业。部分数据因四舍五入，存在总计与分项合计不等的情况。

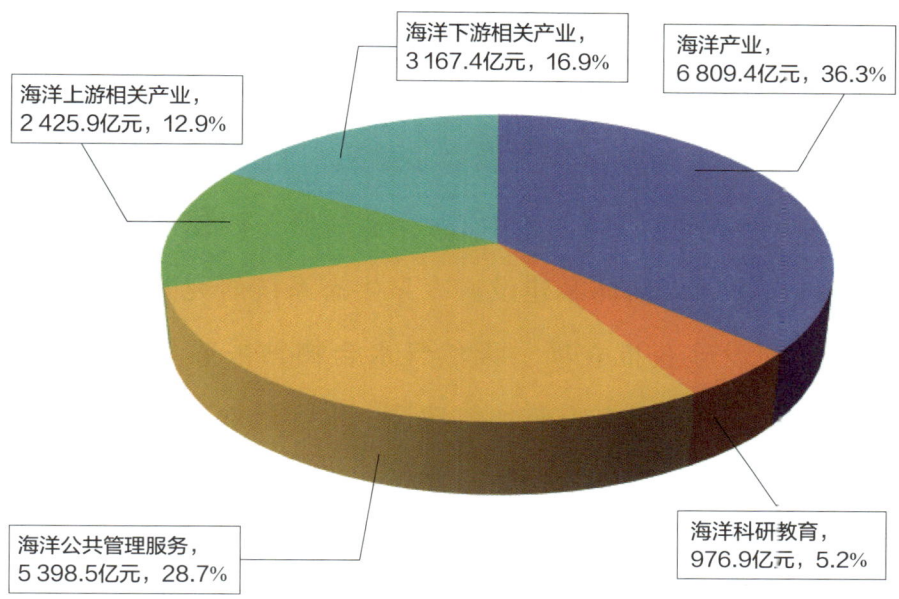

海洋下游相关产业，
3 167.4亿元，16.9%

海洋产业，
6 809.4亿元，36.3%

海洋上游相关产业，
2 425.9亿元，12.9%

海洋公共管理服务，
5 398.5亿元，28.7%

海洋科研教育，
976.9亿元，5.2%

图1-4 2023年全省海洋生产总值构成①

　　涉海企业梯度培育体系持续完善。截至2023年底，全省拥有海洋经济活动单位约8万家。2023年新认定涉海高新技术企业277家，存量涉海高新技术企业785家；2023年新认定涉海专精特新企业140家，存量涉海专精特新企业465家②。

---

① 图1-4中部分数据因四舍五入，存在总计与分项合计不等的情况。
② 本报告中涉及的2023年全省海洋领域新认定高新技术企业、专精特新企业，存量高新技术企业、专精特新企业数量均不包括深圳市的数据。

二、海洋科技创新能力不断提升，为加速构建海洋新质生产力提供重要支撑

海洋科技创新平台建设稳步推进。持续推进全省"实验室+科普基地+协同创新中心+企业联盟"四位一体的自然资源科技协同创新体系建设。冷泉生态系统研究装置等重大科技基础设施获批立项。天然气水合物钻采船（大洋钻探船）、极端海洋科考设施加快建设，大洋极地保障基地选址稳步推进，省级海洋数据中心建设初见成效。国家海洋综合试验场（珠海）建设稳步推进。自然资源部海底矿产资源重点实验室获评优秀重点实验室。深圳海洋大学一期项目开工建设，深海科考中心筹建工作有效推进。清华大学深圳国际研究生院牵头的"西太平洋黄昏带生态系统研究计划"正式获批联合国"海洋十年"行动计划项目。2023年，全省海洋领域存量建设的国家重点实验室1个、省实验室1个、省重点实验室49个，涉海省级工程技术研究中心50个。

海洋科技创新成效显著。省海洋经济发展专项投入 2.05亿元，支持海洋电子信息、天然气水合物等海洋六大产业29个项目创新发展，在海洋能源、海洋高端装备、海洋生态安全等领域取得一批突破性成果。2023年全省在海洋渔业、海洋可再生能源、海洋油气及海底矿产开发利用等主要海洋领

域专利公开数为16 141项①（图1-5），为加快形成新质生产力注入澎湃动能。海洋新兴产业②发展迅猛，产业增加值为257.7亿元，同比名义增长22.2%，占海洋产业增加值的比重提高到3.8%，较上一年提升0.6个百分点（图1-6）。

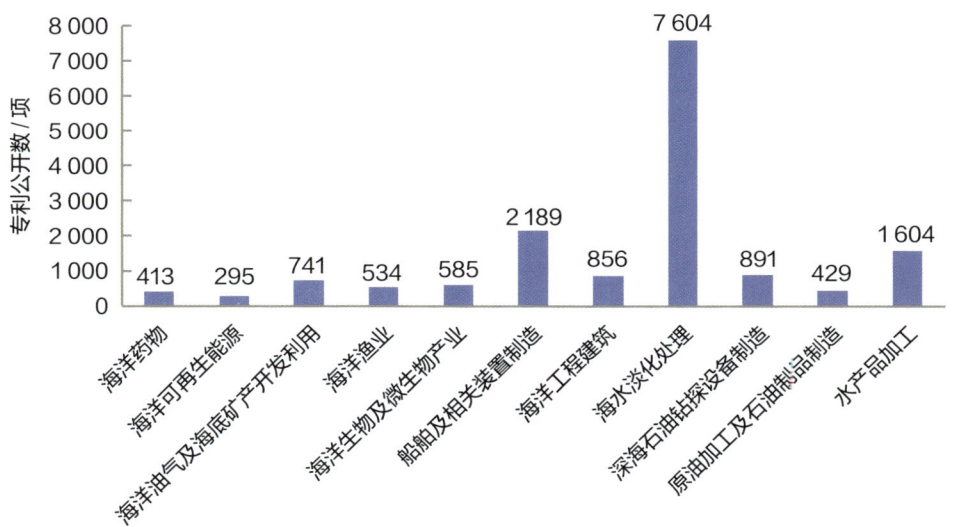

图1-5　2023年全省主要海洋领域专利公开数

---

① 数据来源于粤港澳知识产权大数据综合服务平台。

② 海洋新兴产业包括海洋工程装备制造业、海洋药物和生物制品业、海洋电力业、海水淡化。

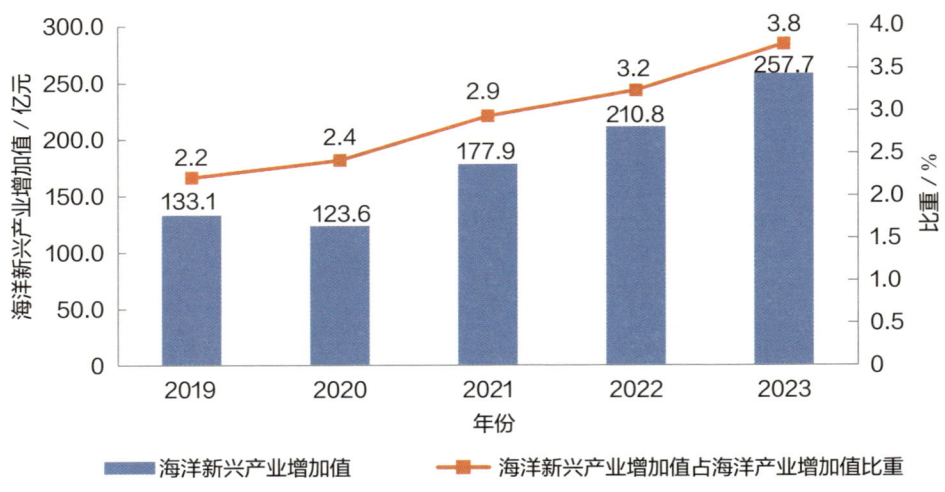

图1-6　2019—2023年全省海洋新兴产业增加值及占
海洋产业增加值比重

三、海洋资源保障能力不断强化，筑牢高质量发展坚实基础

用海用地要素保障进一步强化。高效服务保障重大项目用海，2023年全省共审批项目用海353宗，批准用海面积17 575.5公顷，同比增长20.1%，为推进湛江巴斯夫、廉江核电等一批重大产业项目的加快建设提供有力支撑，进一步提升"制造业当家"的竞争力。2023年以来，全省共有7个重大项目用海获得国务院批准，面积1 567公顷。有序推进海砂市场化出让工作，全省共有11个海砂区块完成出让前期工作，13个海砂区正在按计划推进海域使用论证、海洋环境影响评价等挂牌出让前期工作。

粮食能源供给能力持续提升。海水产品供应维护粮食安全大局，全年产量达478.2万吨，同比增长4.3%；蓝色粮仓建设稳步推进，2023年现代化海洋牧场开工项目达40个，总投资超120亿元。能源保障更加安全有力，海洋天然气产量为123.7亿立方米；海洋原油产量为1 998.1万吨，同比增长6.0%；全省风力发电量为305.2亿千瓦时，同比增长13.8%；核能发电量为1 180.5亿千瓦时，居全国首位。

四、粤港澳大湾区海洋经济实现新发展，开放合作全面深化

涉海区域增长极形成重要引领。以广州南沙、深圳前海、粤澳横琴、深港河套等重大平台为重点，纵深推进粤港澳大湾区建设，打造向海开放高地。2023年粤港澳大湾区内地9市地区生产总值达110 214.7亿元，同比名义增长5.2%，占全省的81.2%，较2022年增加0.1个百分点。广州积极打造海洋创新发展之都，加快建设我国南方海洋科技创新中心。深圳有力推进全球海洋中心城市建设，加快海洋新城、蛇口国际海洋城等重点片区规划建设，扎实推进国家深海科考中心、海洋博物馆等重大涉海项目筹建工作。不断深化粤港澳航运、滨海旅游等产业合作。"大湾区组合港"线路实现粤港澳大湾区内地9市全覆盖，并延伸至粤西地区；深圳探

索建设国际游艇旅游港；《横琴粤澳深度合作区发展促进条例》印发实施；港珠澳大桥开通旅游试运营。

海陆双向国际航运物流通道不断完善。截至2023年底，全省已缔结国际友好港口90对，其中与"一带一路"沿线国家港口结对51对。累计开通国际集装箱班轮航线450条，联通120多个国家和地区的300多个港口。2023年，深圳港、广州港、湛江港、汕头港共计完成集装箱铁水联运量73.6万标准箱，同比增长45.6%。全省开行国际货运班列1 258列，首次突破千列大关，同比增长约30%，进口回程班列同比增长超130%。"威廉港—广州港—果园枢纽"中欧海铁联运快速班列首发，有效衔接成渝地区双城经济圈和粤港澳大湾区两大经济圈。"澳大利亚—湛江—阁老坝站"黔粤班列开通。粤琼海铁联运班列"湾港共建号"进入常态化运营。盐田港亚太—泛珠三角—欧洲国际集装箱多式联运工程入选国家示范工程。

深化合作共赢的蓝色伙伴关系。持续打好外贸、外资、外经、外包、外智"五外联动"组合拳，开放窗口效应进一步增强。2023年，广东对共建"一带一路"国家进出口3.04万亿元，占进出口总额的36.6%。海洋领域高水平国际展会效益显著，2023中国海洋经济博览会达成签约及意向合作421项；2023深圳市海洋产业招商大会达成签约及意向合作

13项、签约及意向合作金额近6亿元；海洋中小企业和科技成果投融资路演活动对接融资需求约47亿元；海陵岛国际风能大会（2023）现场签约项目12个，计划总投资695.8亿元；2023广东21世纪海上丝绸之路国际博览会吸引了2000多家企业参展，线上参会的采购商超过140万人次，成交额近20亿元；2023年第九届广东国际水产博览会意向成交额达到308亿元；2023深圳国际渔业博览会达成意向交易额103亿元。

五、绿美广东生态建设加快推进，海洋生态环境质量持续提升

打造绿美广东海洋生态样板。构建从山顶到海洋的保护治理大格局，2023年获得中央资金10亿元，开展海洋生态保护修复。海岸线生态修复、魅力沙滩打造、滨海湿地修复、海堤生态化以及美丽海湾建设"五大工程"建设取得明显成效。高标准推进深圳"国际红树林中心"建设，以更高站位、更宽视野、更大力度在全球生态保护事业中谋划和推进湿地保护工作。推进江门台山镇海湾、湛江雷州沿岸、湛江徐闻东北海域、惠州惠东考洲洋4个万亩[①]级红树林示范区创建，惠东考洲洋万亩级红树林示范区初步建成。自《红树林

---

① 亩为非法定计量单位，1亩≈0.067公顷。

保护修复专项行动计划（2020—2025年）》实施以来，截至2023年底，全省新营造红树林约2 656公顷、修复现有红树林约2 010公顷。开展"和美海岛"创建示范工作，珠海的东澳岛、外伶仃岛、桂山岛、三角岛，阳江的海陵岛，汕头的南澳岛，江门的上川岛7个海岛入选国家级"和美海岛"（图1-7），占全国入选总数的1/5。

近岸海域水质持续改善。以珠江口邻近海域综合治理攻坚为重点，以美丽海湾建设为抓手，全力推动近岸海域污染防治攻坚，强化对7 000多个重点入海排污口的动态监管，因地制宜推进入海河流总氮治理与管控，有效降低入海污染负荷，实现入海河流和近岸海域水质同步改善。2023年全省近岸海域水质优良面积比例达到92.3%，为近20年来最好水平。

图1-7　珠海三角岛
（九控蓝色海洋旅游发展有限公司供图）

▶ 第二节 ◀ 主要海洋产业发展概况

一、保障能源、食品和水资源安全的海洋产业稳步发展

海洋电力业。2023年，全省海洋电力业增加值为73.9亿元，同比名义增长13.9%。新增海上风电装机容量超过200万千瓦，累计建成投产装机容量超过1 000万千瓦；新增投资约360亿元，累计完成投资约1 960亿元；项目年发电量约188亿千瓦时，同比增长25%。

海洋油气业。2023年，全省海洋油气业增加值为973.8亿元，同比名义下降7.6%。海洋原油产量为1 998.1万吨，同比增长6.0%；天然气产量为123.7亿立方米，同比下降0.6%。

海洋化工业。2023年，全省海洋化工业增加值为748.1亿元，同比名义增长3.4%。原油加工量为8 055.7万吨，同比增长22.8%。

海洋渔业。2023年，全省海洋渔业增加值为615.8亿元，同比名义增长1.5%。全省海水产品产量为478.2万吨，

同比增长4.3%，其中，海水养殖产量为357.3万吨，同比增长5.2%；海洋捕捞产量为113.7万吨（图1-8），远洋捕捞产量为7.2万吨。海水鱼苗量为67.7亿尾。

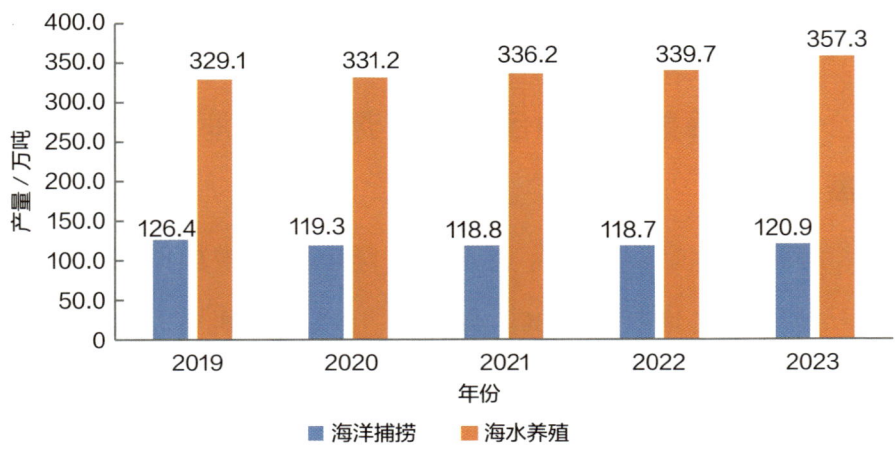

图1-8　2019—2023年全省海洋捕捞和海水养殖产量

海洋水产品加工业。2023年，全省海洋水产品加工业增加值为63.2亿元，同比名义增长3.3%。海洋水产品加工总量为108.6万吨。全国首个预制菜全产业链标准化试点启动。广州南沙区、佛山南海区等13个基地入选全国预制菜产业基地百强榜。

海水淡化与综合利用业。2023年，全省海水淡化与综合利用业增加值为95.0亿元，同比名义增长4.4%。全年全省已建海水淡化工程海水淡化产水量超过1 500万吨，已建海水冷却工程海水利用量超过500万立方米。

海洋矿业。2023年，全省海洋矿业增加值为4.5亿元，同比名义下降8.2%。全省共有11个海砂区块完成出让前期工作。

海洋盐业。2023年，全省海洋盐业增加值为0.2亿元，同比名义增长48.6%。省盐业集团下属盐场（包括徐闻盐场和雷州盐场）海盐生产总面积为7.8平方千米（图1-9），同比增长29.0%；海盐总产量为1.8万吨，同比增长50.2%；海盐总产值为3 256.3万元，同比名义增长48.6%。

图1-9 徐闻盐场
（广东省盐业集团供图）

二、海洋优势产业提质增效

海洋船舶工业。2023年，全省海洋船舶工业增加值为81.8亿元，同比名义增长47.9%。全省造船完工量为352.9万载重吨（图1-10），同比增长41.3%；新承接船舶订单量为394.9万载重吨，同比增长81.5%；手持船舶订单量为822.5万载重吨，同比增长6.8%；全年民用钢制船舶完工量为134.4万载重吨，同比增长62.8%。

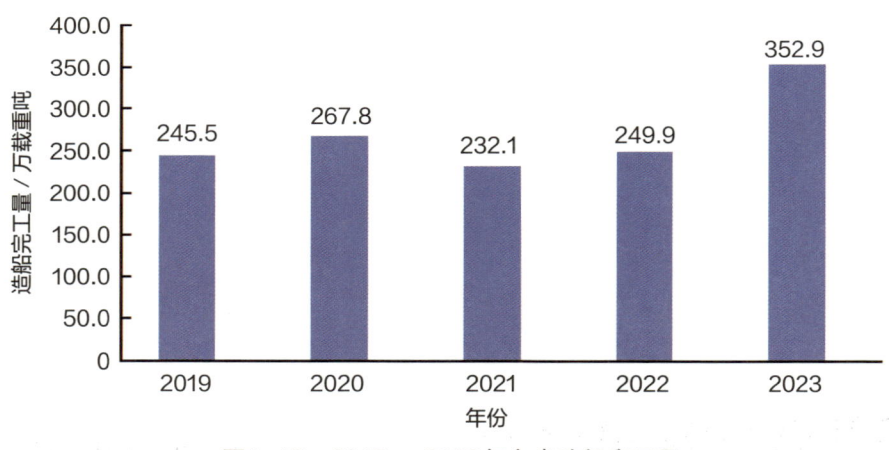

图1-10 2019—2023年全省造船完工量

海洋交通运输业。2023年，全省海洋交通运输业增加值为996.1亿元，同比名义下降4.0%。完成沿海港口货物吞吐量18.8亿吨，同比增长7.3%，其中，外贸货物吞吐量为7.4亿吨，同比增长11.6%；完成沿海港口集装箱吞吐量7 209万标准箱，同比增长2.0%（图1-11）。全省海洋运输的货运量为

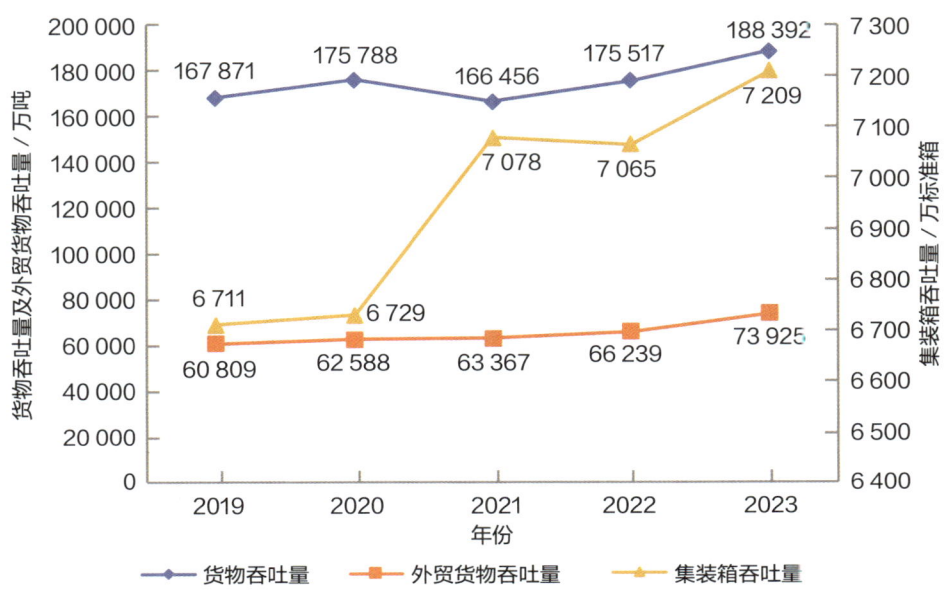

图1-11　2019 — 2023年沿海港口货物吞吐量、外贸货物吞吐量和
集装箱吞吐量

62 075万吨，货物周转量为25 385.2万吨公里。截至2023年底，全省沿海生产用泊位为1 303个，其中万吨级以上泊位401个。

海洋旅游业。2023年，全省海洋旅游业增加值为2 902.7亿元，同比名义增长11.7%。全省14个沿海城市接待游客64 439.4万人次，同比增长83.4%。入境过夜游客达1 477.7万人次，同比增长742.3%。全省共有滨海主题的A级旅游景区38家、省级以上旅游度假景区8家、省文化旅游融合发展示范区4家。

海洋工程建筑业。2023年，全省海洋工程建筑业增加值为70.9亿元，同比名义增长9.1%。全省港口、航道项目完成投资额202亿元，同比增长0.9%。

三、海洋新兴产业快速增长

海洋工程装备制造业。2023年，全省海洋工程装备制造业增加值为115.3亿元，同比名义增长48.0%。

海洋药物和生物制品业。2023年，全省海洋药物和生物制品业增加值为68.2亿元，同比名义增长0.6%。

第二章

2023年广东海洋经济重点工作

▶ 第一节 ◀ 系统谋划部署"海上新广东"建设

广东省委十三届三次全会提出"锚定一个目标，激活三大动力，奋力实现十大新突破"的"1310"具体部署，将"全面推进海洋强省建设，在打造海上新广东上取得新突破"作为全省"十大新突破"之一。省委常委会会议、省委书记专题会议专门研究海洋强省建设工作并作部署。积极争取自然资源部给予广东全面建设海洋强省政策支持，助力海洋强省建设再上新台阶。印发实施《全面建设海洋强省三年行动方案（2023—2025年）》，明确了海洋强省建设的广东路径。经国务院批复同意印发《广东省国土空间规划（2021—2035年）》，加快《广东省海岸带及海洋空间规划》编制，构建陆海统筹、山海互济的发展格局。广州、深圳、珠海、茂名等沿海地市陆续出台海洋强市、海洋经济发展等政策文件，落实海洋强国、海洋强省建设的有关部署。

▶ 第二节 ◀ 做大做强做优"海上产业"

一、大力发展"海上牧场"

强化政策支撑保障。实施《关于加快海洋渔业转型升级促进现代化海洋牧场高质量发展的若干措施》，提出全面构建海水种业体系、开展核心技术攻关等17条政策措施，促进现代化海洋牧场高质量发展。组织编制《广东省现代化海洋牧场发展总体规划（2023—2035年）》，将全省沿海划分成20片"岸港岛海"联动的现代化海洋牧场高质量发展区，区域内实现产业集聚、要素共享，推广风渔融合、渔光互补等复合用海模式。出台《关于加强海洋资源要素保障 促进现代化海洋牧场高质量发展的通知》，制定支持现代化海洋牧场高质量发展10条用海措施和海域使用金优惠政策。印发《现代化海洋牧场生态健康养殖工作指引（试行）》，引导合理确定各养殖水域的适养物种、养殖规模、养殖密度。出台《广东省生态环境厅关于优化环境影响评价管理促进现代化海洋牧场高质量发展的通知》，提出建立环评管理"绿色通道"、试行豁免部分项目环评手续、简化环评编制内容等

7项支持政策措施。印发《广东省金融支持海洋牧场指导意见》《金融支持海洋牧场建设十种融资模式》，强化对海洋牧场的金融要素保障。

加快构建现代化海洋牧场全产业链。"海洋牧场岸基种苗繁育与种质资源保护基地"正式揭牌，新认定海水鱼省级水产良种场3家，推进全省统一的水产养殖种质资源数据库和海洋水产资源库建设，持续做强现代化海洋牧场种业"芯片"。全力推进3个国家级渔港经济区建设，新开工现代化海洋牧场项目40个，总投资超120亿元，新建成重力式深水网箱622个、桁架式网箱3个。全球首台风渔一体化智能装备"明渔一号"首批养殖金鲳鱼喜获丰收（图2-1）。推动自主研制水下清洗机器人、无人投喂船、多功能辅助船及船用

图2-1　风渔一体化智能装备"明渔一号"首批养殖金鲳鱼喜获丰收
（阳江市自然资源局供图）

设备等深远海养殖配套设备，全面推动新技术、新设备研发和海上实验。支持省内海水养殖龙头企业承担省重点领域研发计划项目7项，开展深远海养殖、海洋育种关键核心技术攻关。

二、规模化开发"海上风电"

推动省管海域场址规模化开发，建成投产湛江外罗、阳江沙扒、珠海金湾、惠州港口、汕尾甲子、揭阳神泉、汕头勒门等海上风电项目，装机容量超过1 000万千瓦。印发《2023年海上风电项目竞争配置工作方案》，统筹海上风电资源竞争性配置，明确省管海域和国管海域风电项目配置范围和竞配工作。确定17个省管海域项目业主。稳妥有序推进国管海域前期工作预选项目限制性因素排查和非涉海前期工作。推动海上风电产业集聚发展，阳江国际风电城初具规模，汕头国际风电创新港、汕尾海工基地和揭阳运维基地加快建设，全省风电整机制造年产能超过1 000台（套），其中装备制造产业发展较快，在整机、发电机、叶片、铸件、桩基础、塔筒、海缆、低电压设备制造等方面已具备较强竞争优势。

三、整体打造"海上油田"

加大油气资源勘探开发力度，奋力推动油气增储上产，提升油气供应保障能力。在珠江口盆地自营勘探发现的国内最大油气田——惠州26-6油田启动商业开采。集远程遥控生产、二氧化碳回注封存等多种功能于一体的海上油田——恩平15-1油田群全面建成投产，高峰日产原油超过7 000吨。国内首个海上油田群储能电站——涠洲电网储能电站全容量成功并网。

加强天然气水合物钻采技术研发。自主研发的天然气水合物保压取心与切割转移分析系统首次在深海砂质水合物储层成功应用。天然气水合物高分辨率震电联合物性探测关键技术项目顺利启动。"南海北部海域天然气水合物地质科学重大创新及找矿突破"成果获首届自然资源科技进步奖一等奖。

四、加快建设"海上装备"

实施《广东省大力发展融资租赁支持制造业高质量发展的指导意见》，支持发展船舶、海工装备、海洋牧场等相关领域融资租赁，2023年船舶租赁投放额超110亿元，累计业务余额超600亿元。加强海洋高端装备研发，成功研制全球首艘具有远程遥控和开阔水域自主航行功能的科考船"珠海云"号、国内首艘获得法国船级社（BV）一级舒适性符号的豪华客滚船"阿尔及利亚豪华客滚船"等一批海洋重器。全球最大的宽扁浅吃水型半潜驳船"四航永兴"号、全球首型大容量电池混动双头豪华客滚船2号船"P&O LIBERTE（P&O自由）"号（图2-2）、全球最大豪华客滚船2号船"MOBY LEGACY（莫比·传承）"号完成交付。全球首艘油电混动客滚船"PIONEER（先驱者）"号顺利出口英国。中船黄埔文冲船舶有限公司自主设计的"海鲸"系列85 000吨散货船各项性能指标均达到世界领先水平。万吨级海上钻采平台陆丰8-1完成安装。中国海油深圳分公司自主设计建造了我国首个浮式生产储卸油装置单点系统液滑环，自主研发出我国首条永久系泊钢缆。

图2-2　大容量电池混动双头豪华客滚船2号船
"P&O LIBERTE（P&O自由）"号
（广州市规划和自然资源局供图）

五、发展高品质"海上旅游"

推进旅游资源普查工作，深挖滨海（海岛）旅游资源价值。创新旅游业态，优化产品体系，拓展旅游新空间，港珠澳大桥旅游试运营开通，推出多条深港联游精品路线。深圳"湾区海上游"项目入选第一批交通运输与旅游融合发展典型案例，汕头南澳县获评最佳海岛休闲旅游示范区。加强营销推广，擦亮滨海旅游品牌，成功举办"活力广东 时尚湾区"2023年广东旅游文化节。海洋文化遗产保护与开发加快推进，广东省海洋文化遗产科技联盟、大湾区水下考古国际合作中心揭牌；完成"南海Ⅰ号"水下考古发掘，创全国单个考古项目文物发掘数量之最；石碑山角试点岸段及领海基点主题公园（教育基地）全面完成建设，并通过省级验收；成功举办2023年海上丝绸之路保护和联合申遗城市联盟联席会议。推动全省滨海景观资源串珠成链，构建滨海旅游生态走廊和滨海乡村旅游带，沿海城市旅游公共设施和服务水平再提质。

六、提质发展"海上服务"

提升涉海信贷服务水平。成功发行全球首笔蓝色浮息美元债券，4亿美元规模用于支持可持续水资源管理和海上风力发电项目；创新推出"海洋牧场贷""水产致富贷""养蚝贷""深海养殖贷"等多项信贷产品。

优化涉海政策性险种。创新保险产品设计，探索开展省、市现代化海洋牧场政策性保险。开发商业性新险种，拓展现代化海洋牧场产业链保险服务，发展海产品价格、天气气象指数保险。推行现代化海洋牧场保单质押、信用保证保险，提高中小微经营主体信用等级，发挥保险融资促进作用。

积极发展航运交易服务。落实《财政部海关总署税务总局关于粤港澳大湾区国家航运保险业务有关增值税政策的通知》，对注册在广州市的保险企业向注册在南沙自贸片区的企业提供国际航运保险业务取得的收入，免征增值税。启动建设大湾区航运联合交易中心。广州航运交易所全年开展船舶交易755艘，交易额20.4亿元，船舶交易量呈现稳步增长态势。截至2023年底，航运保险要素交易平台已进驻保险机构3家，完成线上交易保险4 861单，累计实现保费约1.6亿元，风险保障金额约475.1亿元。截至2023年底，南沙航运产业投资基金累计为近洋码头等区重点产业项目投资约27.5亿元。

▸第三节▸ 深入推进海洋科技自立自强

一、加快建设南方海洋科学与工程广东省实验室

2023年，南方海洋科学与工程广东省实验室（广州）牵头获批的国家级科技项目为19项，其中国家重点研发计划项目3项；牵头获批的省级科技项目为16项。启动"冷泉生态系统研究装置"国家项目前期关键技术攻关任务，获得国家发改委可研批复。首次报道深海动物的全基因组DNA甲基化图谱（图2-3），揭示DNA甲基化在深海极端环境中的作用机制。首次揭示哺乳动物视蛋白多样化与其亮、暗生境的适应机制。率先对南海U形海疆线正南区进行立体综合科考。"海洋生物资源高值化利用与装备开发广东省工程研究中心"获批组建。与南沙区人民政府、粤科金融集团联合组建10亿元规模的"广东海洋科技创新发展基金"，完成5家孵化公司的场地注册及业务合同签订工作。2023年获得授权专利19件，登记软件著作权2件，牵头制定标准1项，出版专辑/著2部。发明专利"一株降解生物胺的明登乳杆菌及其应用"荣获第24届中国专利优秀奖。

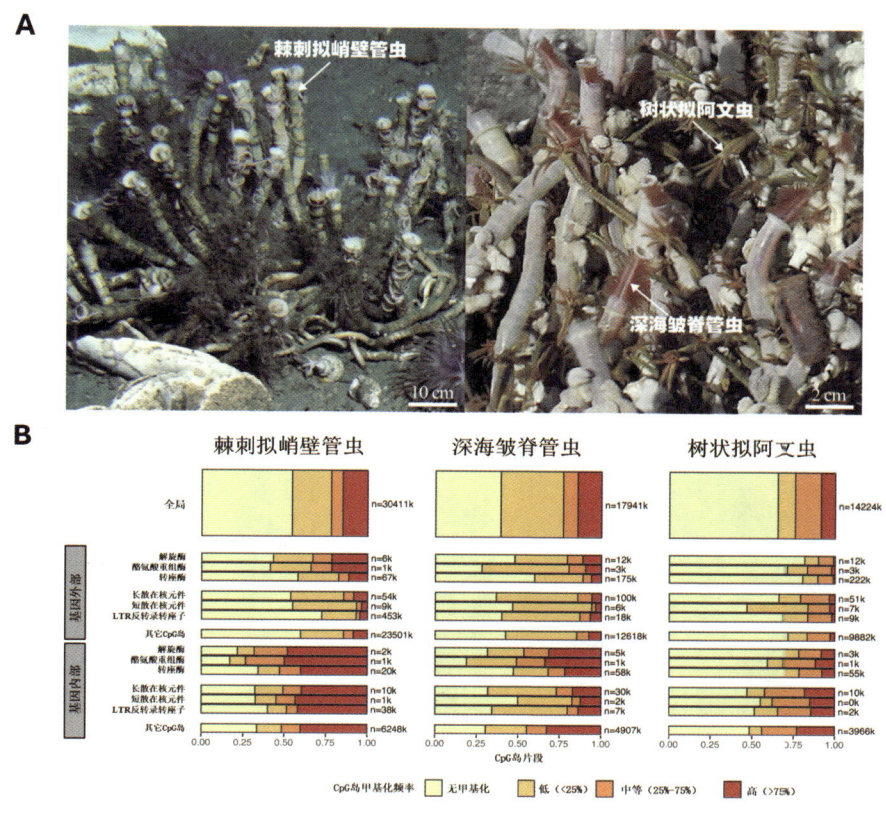

图2-3　3种深海管状蠕虫及其全基因组DNA甲基化情况
[南方海洋科学与工程广东省实验室（广州）供图]

南方海洋科学与工程广东省实验室（珠海）主持制造的全球首艘智能型无人系统母船"珠海云"号正式入列，具备海上"智能敏捷立体海洋观测系统"调查能力。牵头自主研发设计的国内首台配备可自主升降折叠网箱的新型数字智能化深海养殖平台"珠海琴"设计通过中国船级社认证并启动建设（图2-4）。主持研发的粤港澳大湾区海洋数字孪生平

图2-4 配备可自主升降折叠网箱的新型数字智能化深海养殖平台
"珠海琴"效果图

［南方海洋科学与工程广东省实验室（珠海）供图］

台正式发布。组建成立珠港澳海洋风险监测预警研究中心。
与北京科技大学国家材料服役安全科学中心合作建设"国家
材料服役安全科学中心大湾区分中心"，联合澳门城市大学
共建"中-葡文化遗产保护科学'一带一路'联合实验室海
洋文化遗产研究中心"，获批建设珠海市钛钢复合材料与应
用工程技术研究中心和海洋科学大数据工程技术研究中心。
2023年获得授权专利45件，登记软件著作权15件，出版专著

3部。"高性能无人艇浅水地形测量装备关键技术研发及产业化"项目获评2022年度海洋科学技术奖一等奖。

　　南方海洋科学与工程广东省实验室（湛江）研制的新一代深远海可全潜悬浮定深柱稳式养殖网箱"海塔1号"已开工建造，6万方矩形可移动柱稳式养殖平台"恒燚1号"、深远海大型智能网箱"深蓝2号"等养殖平台已基本建造完成（图2-5），助推海洋牧场示范建设。高体𫚕人工繁殖技术取得突破，构建了高体𫚕规模化繁殖技术体系。初步构建了"南海硇洲族大黄鱼种质资源库"。建成并启用智慧渔业大数据中心，加快推动渔业大数据应用。完成湛江市红树林养殖塘适宜红树种类调查，初步筛选出6个较适宜种植品种。成立湛江蚝产业技术研究院。研制的国内首台50千瓦级温

图2-5　6万方矩形可移动柱稳式养殖平台"恒燚1号"
［南方海洋科学与工程广东省实验室（湛江）供图］

差能发电系统陆地联调取得圆满成功。完成海洋可控震源系统研制，在北部湾油田首次开展了可控震源与海底节点联合采集工作。在北部湾盆地海底电缆地震数据处理技术示范应用、海洋工程检测技术与装备等方面均取得了突破。2023年获得授权专利25件，其中发明专利16项、实用新型专利9项；完成研制样机11套。

二、海洋科技取得多点突破

海上风电装备研发制造再上新台阶，全球单机容量最大、风轮直径最大的海上风电机组MySE18.X-20MW在汕尾成功下线；自主研发制造的全球首台"导管架风机+网箱"风渔融合一体化装备MyAC-JS05在阳江海域顺利安装；全球首条500千伏海缆耐压试验一次通过。世界首台兆瓦级漂浮式波浪能发电装置下水调试，攻克了波浪能高效俘获及转换、抗台风自保护等多项关键核心技术。国内最大功率50千瓦海洋温差能发电系统成功发电。国内首套20千瓦海洋漂浮式温差能发电装置在南海完成首次海试。我国自主设计实施的第一口海上二氧化碳封存回注井在恩平15-1平台顺利完钻。我国首次约4 000米深海电磁联合探测地质实验获突破，显著提升我国利用海洋电磁法探测海底地质结构和资源的实力。

► 第四节 ◄ 加快完善海洋治理体系

一、健全海洋管理法规制度

印发《广东省无居民海岛历史遗留问题处置试点工作方案》，探索推进无居民海岛历史遗留问题处置试点工作。印发《海岸线占补指标交易办法（试行）》，健全海岸线占补制度政策体系。印发《广东省自然资源厅海砂开采海域使用权和采矿权挂牌出让工作规范》，规范海砂市场化出让流程和工作程序。印发《广东省自然资源厅关于推进海域使用权立体分层设权的通知》，指导沿海地市规范有序推进海域使用权立体分层设权。出台《广东省洗砂管理办法》，明确禁止在出海水道与河道水域从事洗砂等破坏生态和污染环境的活动，并明确梳理了各相关部门职责。

二、加强海域海岛精细化管理

加强用海用岛项目日常监管，将历史用海用岛项目纳入监管底数，对54宗存在问题的用海项目单位进行督导整改。

加强海砂开采监管，指导海砂开采企业建立和完善海砂开采监管台账。组织开展粤西地区省级近海海底基础数据调查。组织珠海万山海洋开发试验区完成无居民海岛历史遗留问题清单和处置方案编制工作。成功搭建三角岛海域海岛低空无人机遥感监测网络（图2-6），实现对海岛生态和环境的智能化、常态化监测。

图2-6　三角岛海域海岛低空无人机遥感监测网络
（广东省科学院广州地理研究所供图）

做好海岸线资源保护，印发《海岸线保护整治修复实施方案（2023—2025年）》，加强规划与审批管理，推进海岸线综合整治，加快海岸线生态修复，强化执法监管与考核。推动海岸线占补，协调指导广州、湛江两个试点地市完成全国首宗海岸线占补指标交易。加强自然岸线管理，配合完成自然岸线保护考核工作。

推进围填海历史遗留问题处置。加快推进"未批已填"围填海历史遗留问题区域处置方案备案工作。有序推进已批准但尚未完成围填海项目处置工作，印发《已批准但尚未完成围填海项目处置协议（范本）》，督促指导沿海有关地市抓紧与原海域使用权人协商签订处置协议。截至2023年底，全省列入自然资源部已批类项目监管清单的91个项目中，已有59个项目的协议稿通过审查。加快盘活利用围填海历史存量，共新增审批宝钢国际南沙物流基地项目、粤港澳大湾区菜篮子南沙流通中心项目等11宗已备案围填海历史遗留问题区域内项目用海，批准用海面积242.3公顷，涉及投资额315.8亿元。

三、强化海洋执法监管

积极维护用海用岛秩序，强化重点海域、重点时段、重点船舶管控，保持海洋环境保护执法高压态势。核查用海疑点疑区442个，立案查处违法用海用岛案件61宗。组织开展"靖海2023"专项执法行动及海上联合行动，以海洋牧场、海砂开采、海洋倾废等为执法重点，严厉打击破坏海洋生态环境的违法行为。全省共检查海洋生态环境保护目标11 259

个（次）、各类船舶26 920艘（次），查处海洋生态环境违法案件50宗。

加强海洋渔业执法监管。严厉打击"电、炸、毒"、涉渔"三无"船舶作业、"绝户网"非法捕捞等违法、违规行为，全年共查获涉渔案件5 900宗，推动"两法衔接"案件49宗，清理违规渔具209万米。重点加强休渔期执法，继续落实"两个最严格""三个严禁"要求，查获涉渔违法案件1 573宗。狠抓珠江禁渔监管，查办案件173宗。持续开展涉渔"三无"船舶专项清理整治，查扣涉渔"三无"船舶557艘。开展粤闽、粤桂琼联合执法行动，查获涉嫌违法违规船舶142艘。深入开展省际联合执法，联合广东海警局、香港渔农署等开展同步执法行动，共同打击非法捕捞行为；联合浙江、福建等省执法部门，开展跨海区逗留渔船专项整治，实施重点监控、专人盯守，召回跨海区渔船215艘。

四、营造关注海洋良好氛围

成立全国首个省级关注海洋活动组织委员会——广东省关注海洋活动组织委员会（图2-7），通过开展建言资政、公益性主题宣传实践、生态文化节庆等公益活动，助推海洋强省建设。以"生态海岛 和美发展"为主题，举办

图2-7　广东省关注海洋活动组织委员会成立大会
（广东省自然资源厅供图）

2023年"绿美广东·关注海洋"合作交流活动，围绕粤、闽、桂、琼海岛协调发展的主题，开展区域合作交流圆桌会议，探讨深化广东、福建、广西和海南四省（区）省际合作方式。

成功举办"2023世界粤商大会'打造海上新广东发展论坛'""2023年粤港澳海洋合作发展论坛院士论坛""海洋大讲堂""海洋进校园"等系列活动（图2-8），为建设海洋强省营造良好氛围。以"保护海洋生态系统　人与自然和谐共生"为主题的"世界海洋日暨全国海洋宣传日"国家主场活动在汕头成功举办，广东省主场活动在湛江顺利举办。通过丰富多彩的活动，引导全社会共同关心海洋、认识海洋、经略海洋。

图2-8　2023年粤港澳海洋合作发展论坛院士论坛
（广东省海洋发展规划研究中心供图）

▶ 第五节 ◀ 大力推进海洋生态建设

一、稳步推进海洋生态保护基底

截至2023年底，全省各级涉海自然保护地共计124个，保护面积达39万公顷，其中，涉海自然保护区65个〔国家级7个、省级8个、市县级50个〕，海洋特别保护区7个（国家级6个、县级1个），地质公园1个，风景名胜区3个，森林公园22个，湿地公园26个。除风景名胜区、地质公园、森林公园外，海洋特别保护区、涉海自然保护区和湿地公园有98个，保护对象涵盖中华白海豚、海龟等珍稀濒危物种，以及珊瑚礁、红树林、海草床和海岸、海岛等典型海洋生态系统。

二、大力推进红树林保护修复

深入贯彻《中共广东省委关于深入推进绿美广东生态建设的决定》，全面推进红树林营造和修复工作，着力打造4个万亩级红树林示范区。出台《广东省红树林保护修复专项规划》，对全省红树林保护修复工作进行系统部署。加快推进红树林保护修复工程项目，截至2023年底，全省新营造红树林约2 656公顷、修复现有红树林约2 010公顷，海洋生态系统功能获得了较好恢复。"国际红树林中心"正式落户深圳。

三、加快推进美丽海湾建设

2022—2023年下达省财政专项资金2.28亿元，重点支持长溪湾、青澳湾、资深湾、遮浪港、镇海湾、珍珠湾、水东湾、外罗湾8个海湾开展美丽海湾建设。强化示范带动作用，努力打造美丽海湾示范区，2022年汕头市青澳湾、深圳市大鹏湾入选全国首批美丽海湾优秀案例。

四、全面加强海洋污染防治

制定实施《广东省2023年近岸海域污染防治工作方案》，将全省近岸海域水质年度目标分解到沿海各市，压实各市近岸海域污染防治主体责任。加强入海排污口监管，督促指导沿海各市全面开展入海排污口查、测、溯、治，确保"有口皆查、应查尽查"，截至2023年底，全省大陆及有居民海岛岸线已基本完成排查，将7 000多个入海排污口纳入广东省重点入海排污口监管系统并实施动态管理。强化陆海统筹、系统治理，加强入海河流总氮治理与管控，广州市和江门市分别编制蕉门水道和潭江"一河一策"总氮污染治理与管控方案，珠海市、中山市强化前山河流域总氮协同治理与管控。2023年全省36个国控河流入海断面中32个水质为优良，无V类和劣V类断面，珠江口12个国控河流入海断面总氮平均浓度为3.15毫克/升，与2020年相比下降了0.07毫克/升。2023年全省近岸海域水质优良面积比例为92.3%，为近20年来最好水平，珠江口海域水质优良面积比例为77.8%，同比提升6.1个百分点，首次达到国家下达的"十四五"攻坚目标。

▶ 第六节 ◀ 强化海洋防灾减灾能力

一、全力做好海洋灾害防御工作

2023年，全省共发布海浪警报93期、风暴潮警报36期、赤潮监测预警专报18期，启动海洋灾害应急响应8次；成功应对30轮强降雨和6个台风登陆或正面影响。沿海各地市共紧急转移安置受海洋灾害影响人口12 843人。全省未发生造成人员群死群伤的重大地质灾害。制定《广东省渔业船舶事故隐患专项排查整治2023行动方案》，全面开展渔船安全隐患专项排查整治，全省共检查渔船53 645艘次，发现和整改隐患7 258个。强化海上应急处置，妥善处置海上报警事故84宗，救助遇险船舶84艘、渔民249人，发送警报预报信息498万条，有力保障了渔民群众生命财产安全。

二、不断提升海洋预警监测水平

进一步健全完善海洋防灾减灾体系。完成海洋灾害风险普查，形成全省海洋灾害隐患风险"一张图"，印发《广东省自然资源厅海洋灾害应急预案》。加强海洋观测活动监管，完成全省海洋观测站点情况统计，建立全省海洋观测站点台账，制定海洋观测站点监管方案。加快海洋观测网建设，投放10套海洋固定浮标，积极推进湛江、潮州、阳江、茂名观测站建设。谋划在湛江等地建设粤东、粤西海洋预警监测区域性机构。开展珠江口、粤西海域近海生态趋势性监测和典型生态系统监测等海洋生态调查监测，形成广东省2023年度河口、砂质海岸、红树林、海藻场、海湾等海洋生态调查与评价项目系列生态调查产品。

三、积极开展海洋防灾减灾宣传教育活动

广东省自然资源厅联合广州市规划和自然资源局、从化区人民政府以"防范灾害风险 护航高质量发展"为主题，在从化区共同开展"全国防灾减灾日"宣传活动（图2-9），通过"进村入户""百名专家联千村（学校）"等地质灾害防治科普活动，以及"卓粤·自然——防灾减灾·携手同行"2023年地质与海洋灾害科普宣传作品征集活动，增强群众防灾避险意识，强化防灾减灾技术支撑，不断提升广东省地质与海洋灾害预警监测、综合防御与处置能力。发布《2022年广东省海洋灾害公报》，增强各级防灾减灾部门及社会公众海洋防灾减灾意识，提升居民海洋防灾减灾自救互救能力。强化安全警示教育宣传，印制《广东省商渔船碰撞

图2-9 "全国防灾减灾日"宣传活动
（广东省自然资源厅供图）

风险示意图》，开展渔船安全生产宣传日暨应急演练活动，制作并发布《蓝海警示》《渔业船舶检验》等系列警示教育专题片，有效提升渔民安全生产意识和安全技能。深圳市联合社区应急办开展海洋防灾减灾宣传活动，向市民现场科普相关知识；惠州、汕头等地开展地质与海洋灾害应急演练及宣传活动。

▶ 第七节 ◀ 提升海洋经济管理决策水平

实施《广东省海洋经济统计调查制度》，健全海洋经济调查指标体系。稳步推进全省海洋经济活动单位名录更新工作，形成约8万家海洋经济活动单位名录。全方位扩大涉海企业直报节点，截至2023年底，全省有效参与直报的企业近2 500家，直报企业数量居全国前列。首次开展上下游产业涉海单位认定及剥离系数调查工作。在内陆地区探索开展海洋经济统计。强化海洋经济运行分析，连续3年发布广东省海洋经济发展指数，引导社会对海洋经济的发展预期。

指导深圳在全国率先开展渔业全产业链核算，试点开展海洋信息产业高质量发展监测评估工作；支持广州创新开展海洋工程装备制造等3个海洋产业涉海系数估算研究。支持深圳开展海洋产业招商引资企业遴选方法研究，评估重点涉海企业引入深圳的可行性和优先级，并初步完成招商引资企业重点库和储备库。支持珠海印发《珠海市海洋经济产业招商图谱（学习版）》，推动全市海洋经济招商引资工作提质增效。

▶第八节◀ 成功举办2023中国海洋经济博览会

　　成功举办2023中国海洋经济博览会（简称"海博会"）。本届海博会以"开放合作 共赢共享"为主题，举办了系列论坛及项目路演、推介、商洽等活动（图2-10）。海博会设置了"1个主馆+N个专题展"。1个主馆，围绕船舶及港口航运、海洋油气与矿产资源开发、海洋工程与环保、海洋电子信息、海洋生物与医药、海洋旅游与文化六大应用场景，展现海洋领域的最新成果、前沿科技与国际合作机遇；N个专题展，纵向展示和促进蓝色产业细分领域产业链上下游的交流、创新与应用。首次设置双展区，展览总面积11.25公顷，刷新历届海博会纪录；吸引了16个国家和地区的658家海洋领域重点企业、机构和组织报名线下参展，数量创历届新高，同比增长超60%，其中境外展商超过100家；开展各类配套活动178场次，达成签约及意向合作421项。举办2023深圳市海洋产业招商大会，达成签约及意向合作13项，签约及意向合作金额近6亿元。举办海洋中小企业

图2-10　2023中国海洋经济博览会
（深圳市规划和自然资源局供图）

和科技成果投融资路演活动，对接融资需求约47亿元。发布
《2023中国海洋经济发展指数》等重要成果。我国首制航空
母舰、大型液化天然气（LNG）运输船、大型邮轮、"深海
一号"能源站、"海基一号"深水导管架、"璇玑"系统、
"海洋石油720"深水物探船等"大国重器"集体亮相。

03

第三章

2023年广东地市海洋经济发展情况

▸ 第一节 ◂ 珠三角地区

　　珠三角核心区发展能级持续提升。现代化海洋产业体系建设取得较大进展，粤港澳大湾区首个百万千瓦级海上风电项目全容量并网，恒力石化（惠州）PTA[①]项目全面投产，埃克森美孚大亚湾研发中心启动建设，"湾区海上游"入选全国交通运输与旅游融合发展典型案例。海洋科技创新策源力不断增强，冷泉生态系统研究装置获批立项，国内首艘自主研制的大洋钻探船试航成功，海洋温差能发电等重大科研成果取得突破，深圳国际海事研究院揭牌。对外开放全面持续深化，中欧蓝色伙伴关系论坛等活动成功举办，中欧班列开行数量增长31.2%。综合立体交通体系逐渐成形，广州、深圳国际综合交通枢纽功能巩固提升，广州港国际通用码头工程开工，深中通道主线全线贯通，"大湾区组合港"线路已覆盖粤港澳大湾区内地9市和5个关区，基础设施"硬联通"日渐完备。

[①]　PTA为工业用精对苯二甲酸。

一、广州

海洋规划政策体系持续完善。出台高层次谋划全面建设海洋强市等政策文件，在空间发展布局、科技创新、产业发展、生态文明建设、海洋管理、海洋开放合作等方面作出具体部署。在《广州市国土空间总体规划》和《广州面向2049的城市发展战略规划》中设立现代海洋城市建设专篇。其中，《广州市国土空间总体规划》将"彰显海洋特色的现代化城市"作为广州六大城市性质之一；《广州面向2049的城市发展战略规划》明确面向湾区的"两洋南拓、两江东进、老城提质、极点示范"空间发展方针，提出经略海洋，建设创新引领型的全球海洋中心城市。

海洋创新发展之都加快建设。广州海洋产业创新联盟成立，进一步推动海洋产业资源共享与交流合作，促进海洋科技创新和成果产业化。南沙科技兴海产业示范基地深蓝智谷孵化器登记成立。国内首艘自主研制的"梦想"号大洋钻探船试航成功（图3-1）。截至2023年底，全市集聚了58个涉海科研机构、42个省部级以上海洋科学实验室、10个国家级海洋科技创新平台，海洋科技创新资源不断集聚。

国际大港地位进一步巩固。南沙港区四期工程（一期）竣工投产，建成南沙港区粮食及通用码头、广州港桂山锚地扩建工程，加快推进南沙港区五期、广州港20万吨级航道等

图3-1 "梦想"号大洋钻探船
（任颖芝摄 广州海洋地质调查局供图）

工程前期工作。广州港全年净增外贸航线7条，货物、集装箱吞吐量分别居全球第五、第六位。在2023年度中国经济信息社发布的国际都市游船活力指数中，广州排名全国第一、全球第二。在2023年世界银行等联合发布的"全球集装箱港口绩效指数"排名中，广州港在全球货物吞吐量前十港口中位列第三。在2023年新华·波罗的海国际航运中心发展指数中，广州保持全球第十三位。

海洋生态保护修复工程成效显著。 建设南沙省级海岸带保护与利用综合示范区，统筹大角山海岸线两侧陆海空间生态保护。完成南沙区大角山海滨公园生态海堤改造及提升项目一期，整治修复岸线长度约1千米，种植红树林面积

4公顷。加快实施南沙湿地二期红树林营造修复项目，营造红树林面积26.5公顷，有效提升滨海湿地生态系统功能和生物多样性。2023年，完成红树林营造修复面积187.3公顷。"十四五"以来，全市累计完成红树林营造修复面积212公顷，提前完成省下达的203公顷红树林营造修复面积任务。

二、深圳

全球海洋中心城市建设政策支撑体系不断完善。印发《深圳市海洋发展规划（2023—2035年）》，明确建设全球海洋中心城市"深圳方案"。研究编制《深圳特区全球海洋中心城市建设条例》，推动海洋城市管理法治化进程。出台《深圳市促进海洋产业高质量发展的若干措施》，强化对海洋经济主体集聚、海洋科技研发和成果转化、海洋产业创新发展、产业生态优化等方面的支持。编制完成《深圳市渔港空间布局规划》，科学引导传统渔港转型升级。印发《深圳市种业振兴行动实施方案》，落实水产种业振兴行动。

港口服务功能持续优化。2023年，深圳港国际班轮航线通往100多个国家和地区的300多个港口集装箱吞吐量连续10年位居全球前四，深圳国际船舶登记中心挂牌运营。新增12个组合港和内陆港，深圳港货物吞吐量增长5.2%，集装箱吞吐量为2 988万标准箱，单箱货值增长6.0%。大鹏LNG走廊累计接卸量达1.2亿吨，稳居全国第一。前海合作区集聚近500家重点航运相关企业，在港口运营、船舶运输、船舶管理、船员服务等领域形成集群优势。深圳港盐田港区东作业区集装箱码头一期工程建设加快推进。

海洋生态文明建设稳步推进。有序开展生态化海堤建设，完成深圳市东部海堤重建工程（三期）鹏城东段、海洋新兴产业基地、机场三跑道等部分岸段整治修复6.2千米（图3-2）。成功申报2024年海洋生态保护修复工程项目，获得中央奖补资金4亿元。积极落实全国海洋预警监测任务，完成深圳海域海洋生态资源调查监测，为海洋管理及保护修复

图3-2　海洋新兴产业基地岸线整治项目
（深圳市规划和自然资源局供图）

提供基础数据。水环境质量持续提升，东部海域水质长期保持一类，西部海域入海河流总氮浓度下降14.1%。

蓝色金融服务体系不断完善。建设银行深圳分行成立了海洋产业经营中心机构，为涉海项目提供信贷支持。建设银行深圳分行海洋渔业支行正式揭牌。招商银行成功发行全球首笔蓝色浮息美元债券。中国平安财产保险股份有限公司成功推出平安渔业保、海洋牧场平台保险、船舶建造险、远洋船舶险等蓝色保险产品，承保全国首单红树林碳汇指数保险。

三、珠海

海洋产业提质增效。全链条打造现代海洋牧场，以现代化装备技术推动养殖走向深远海。加快建设万山、外伶仃海域两个国家级海洋牧场示范区，建成6座人工鱼礁区。强化用海要素保障，积极探索"标准海"供应。"珠海琴""格盛1号""九洲一号"等深海养殖平台开工建设。开创陆海接力、岸海联动的分段接力海鲈养殖模式。粤港澳大湾区海产品交易中心建成开业，洪湾中心渔港获评国家中心渔港。鱼林村光伏复合项目并网发电。海洋旅游呈现出强势复苏的劲头；全年海岛游客达163.6万人次，同比增长116.1%。国内首条公铁同层跨海大桥——金海大桥建设完工。珠海隧道、黄茅海大桥等项目加快建设。全国首个气田地下数智化系统在金湾高栏港终端正式投用。华南地区规模最大的天然气储运基地——金湾"绿能港"的5座全球最大LNG储罐主体结构完工（图3-3）。

海洋科技创新能力持续提升。截至2023年底，全市海洋领域创新平台达28个，其中省级实验室1个、市级以上新型研发机构3个、市级以上工程技术研究中心24个。成立珠海市海洋发展集团，落地蓝海科技产业园、白蕉海鲈产业中心等项目，开工建设珠海海发蓝色种业产业园。珠港澳海洋风险监测预警研究中心在南方海洋实验室挂牌成立。国内首台

图3-3 金湾"绿能港"项目基地
（珠海市自然资源局供图）

自主研发的兆瓦级漂浮式波浪能发电装置"南鲲"号投入试运行。金湾区中航通飞"鲲龙"AG600正式进入表明符合性试飞阶段。云洲智能无人艇荣获第七届世界无人机大会"无人系统设计奖"。

海洋生态保护基础不断夯实。出台全省首部市级海岛保护与利用规划——《珠海市海岛保护与利用规划》，明确珠海海岛保护与利用的六大重点任务。印发《珠海市深化治理港口船舶水污染物实施方案》《关于进一步加强船舶水污染物治理和岸电使用工作的通知》，强化港口船舶污染防治。印发《珠海市美丽海湾建设实施方案》，组织做好美丽海湾保护与建设工作。积极实施"一湾一策"，重点打造情侣路和万山群岛美丽海湾。"东澳岛东澳湾重点海湾整治项目"入选2023年全国海洋生态保护修复十大典型案例。强化海洋渔业资源保护，开展人工鱼礁建设和增殖放流，海域海洋环境和生物资源状况显著改善。健全泡洗海砂监管执法机制，打击水上非法洗砂洗泥。

四、佛山

海洋船舶与工程装备制造业聚力发展。国内首座油电混合动力自航自升式海上风电安装平台"精铟03"号顺利完成交付（图3-4），满足当前复杂海洋环境的工程勘察与海上

图3-4　油电混合动力自航自升式海上风电安装平台"精铟03"号
（夏惠峰摄　广东精铟海洋工程股份有限公司供图）

风电施工需求，实现海上风电勘察及施工管理一体化作业。海洋照明产业布局加快，面向养殖照明、渔业捕捞的集鱼照明、深海装备的深海照明三大方向开展核心技术研发，打造新型养殖光照智能系统，推出1 000W LED集鱼灯产品，万米级LED深海照明装备成功应用于"奋斗者"号全海深载人潜水器。精铟海洋工程装备产业园项目启动，致力于建设海洋工程装备孵化加速基地，导入海洋工程装备产业链上下游企业资源，共同设立基金，面向孵化加速基地的项目开展投资业务，为加速基地提供产业赋能。

五、惠州

世界级绿色石化产业高地加快打造。2023年，全市规模以上石化工业增加值为512.4亿元，同比增长5.1%。2019—2023年，惠州大亚湾经济技术开发区连续5年位列"中国化工园区30强"第一，埃克森美孚惠州乙烯一期、中海壳牌惠州三期乙烯等项目全面推进，已达到炼油2 200万吨、乙烯220万吨、芳烃250万吨、PTA500万吨的年生产能力，炼化一体化规模位居全国前列。埃克森美孚化工研发中心正式落户大亚湾石化区，瑞士化工巨头科莱恩集团在大亚湾新建的先进无卤阻燃剂生产基地正式投产，恒力（惠州）500万吨/年PTA项目全面投产，石化产业全产业链持续完善。

现代化海洋牧场建设有序推进。积极推进现代化海洋牧场建设，出台《惠州市现代化海洋牧场种业振兴工作方案》。惠州现代化海洋牧场海水经济鱼类种业创新基地揭牌。深水网箱养殖等现代渔业规模逐步扩大，惠州大百汇现代渔业产业集群项目建设有序推动。综合开发利用海洋资源，推动"海上风电+海洋牧场"等特色产业项目建设，发展现代种业"育繁推"一体化服务。黄金鲹在第四届中国水产种业博览会上成为全省现代化海洋牧场养殖主推品种。

海洋生态整治修复工作扎实推进。扎实推进万亩级红树林示范区创建工作，完成《惠东县考洲洋万亩级红树林示范区实施方案》，全年全市新造红树林83.3公顷，总面积达773.3公顷，红树林修复面积约97.7公顷。积极开展红树林现状调查、红树林生态修复项目跟踪监测及成效评估、红树林碳汇核算评估试点研究等工作。连续两年申报造林奖励指标，共计获得新增建设用地指标1 026亩，其中获自然资源部奖励的新增建设用地指标820亩，获省奖励的新增建设用地指标206亩，进一步拓展了产业发展空间，实现红树林变身"金树林"。惠州好招楼红树林湿地、惠州盐洲红树林湿地入选省重要湿地名录，好招楼湿地公园入选"绿美广东生态建设示范点"名单（图3-5）。

港口转型升级步伐不断加快。高标准规划惠州港发展，编制《推动惠州港高质量发展工作方案》，开展《惠州港总

图3-5　好招楼湿地公园
（惠州市自然资源局供图）

体规划》修编工作，推动惠州港从产业港向贸易港、产业港并重转型，深度参与深港口岸经济带建设。惠州港能级提升，新建成生产性码头泊位4个，荃湾、东联、碧甲3条航道升级改造工程加快推进。惠州港荃湾港区5万吨级液化烃码头项目安装工程开工建设。2023年，惠州港实现货物吞吐量9 158万吨，同比增长1.7%；集装箱吞吐量54.6万标准箱，同比增长29.5%。

六、东莞

海洋科技创新水平不断提升。小豚智能"航行控制系统"产品入选中国船舶工业行业协会发起的2023年第二批船舶工业"强链品牌"产品目录。东莞市海洋创新药物与生物制品重点实验室入选东莞市工程技术研究中心和重点实验室。"新能源船艇领域水面多功能智慧巡检机器人""应用于船舶清洗的水下机器人""核电领域水下清污巡检机器人"等海洋机器人入选《东莞市机器人标杆企业与应用场景推荐目录》（第一批）名单。

海洋工程项目顺利推进。梅沙大桥、华阳湖大桥正式通车。宏川码头新建2万吨级泊位正式投入运营。狮子洋通道各项建设工作进展顺利，桥梁下部结构与桥梁桩基施工如期开展。广州港新沙港区11号、12号通用泊位及驳船泊位工程土建工程完成交工验收，13号泊位工程项目建成。长安新区深圳海洋科技研发服务基地项目竣工验收。狮子洋通道土建工程T12合同段首根钻孔桩顺利开钻。

海洋文旅融合发展不断深化。依托滨海湾新区，利用黄金海岸交椅湾段（图3-6），成功举办青春风采跑马拉松比赛、"火柴盒"音乐会、滨海国风音乐会等特色文体活动。《虎门镇历史文化旅游发展总体规划（2023—2040）》获批，构建以历史文化旅游、生态旅游、工业旅游、商贸旅游为四大特色的旅游产业体系。通过修缮炮台旧址、加大文物巡查力度、完成文物建档等工作，进一步助力鸦片战争海防遗址公园建设。鸦片战争博物馆2023年全年共接待观众逾517万人次，接待量创历史新高。

图3-6　东莞滨海湾新区滨海驿站
（东莞滨海湾新区管理委员会供图）

七、中山

海洋高端装备制造加快发展。全球首台风渔一体化智能装备"明渔一号"整体建成，国内首艘入级中国船级社（CCS）的500千瓦氢燃料电池动力工作船"三峡氢舟1号"完成交付。全球单机容量最大、风轮直径最大的海上风电机组MySE18.X-20MW成功下线。明阳智能为日本人善町海上风电项目成功交付风电机组。明阳智能成功入选"2022年广东省战略性产业集群重点产业链'链主'企业名单（第一批）"，被确定为高端装备领域的"海工装备产业链"链主企业、新能源领域的"海上风电装备制造产业链"链主企业。截至2023年底，神湾磨刀门水道沿岸已集聚7家船艇制造企业，年产值近27亿元。

海洋文旅融合加速推进。依托翠亨新区文化旅游高质量发展推介交流会，签约引入8个重点文旅项目，总投资达19.53亿元。推出"岐江之夜 乐伴香山"音乐会和三乡茶果、海洲鱼饼等非遗美食展销，打造湾区海洋文旅融合消费新模式。中山市博物馆"风起伶仃洋"陈列展获全国十大展览精品优胜奖。

加速融入粤港澳大湾区交通体系建设。深中通道主线贯通（图3-7），深江铁路中山段有序推进，南中城际动工建设，南中高速公路TJ01合同段主线顺利贯通。大湾区多式联

图3-7 深中通道
（中山市自然资源局供图）

运港铁钢轨项目正式启动，提升大湾区货物运输效率。新增中山港—深圳盐田港等5条"组合港"航线。

八、江门

海洋传统产业提质发展。 高标准建设现代化海洋牧场和广东（江门）渔港经济区，投用重力式深水网箱152个、桁架类网箱平台1个。成立江门海洋集团有限公司，布局种苗

培育、深海养殖、精深加工、装备制造、融租服务、海上风电"六位一体"现代化海洋牧场全产业链。黄茅海跨海通道等海洋工程建设项目加快建设，崖门出海航道二期试航，实现1万吨级船舶全潮通航、2万吨级船舶乘潮通航，华津码头正式启用，江海联运增添新优势。

多层次滨海旅游产品体系加快打造。出台《江门市国家文化和旅游消费试点城市建设工作方案》，多措并举提升全市滨海旅游消费质量水平。加快推动川岛旅游度假区构建一门户、两古港、三海湾、四组团的旅游发展格局，持续优化配套旅游交通服务，启动台山川岛浪漫海岸项目，串联文旅项目形成精品旅游线路。台山上川岛入选全国"和美海岛"（图3-8），宿集项目动工建设，启超故里·小鸟天堂、华侨城古劳水乡成功创建国家AAAA级旅游景区，5家中高端酒店和56家精品民宿开业运营，接待能力和水平不断提升。

海洋生态文明建设持续深化。印发《江门市海洋生态环境保护"十四五"规划》《江门市珠江口邻近海域综合治理

图3-8　上川岛飞沙滩旅游区
（林荣波摄　台山市自然资源局供图）

攻坚战实施方案》《江门市2023年近岸海域污染防治工作方案》等文件，以近岸海域污染治理为重点，推进海洋生态环境高水平保护。开展了"碧海""靖海""近岸海域污染防治联合行动"等系列专项行动。海域水质持续改善，2023年全市5条入海河流水质达标率100%，近岸海域水质位列珠江口城市第一。扎实推进海洋生态修复工作，截至2023年底，累计完成海岸线整治修复21.3千米；营造红树林171.0公顷，修复红树林119.2公顷。

▸ 第二节 ◂ 粤东地区

　　粤东地区海洋产业集群加速崛起，重点海洋产业项目顺利推进，中石油广东石化炼化一体化项目全面投产，广东潮州华瀛LNG接收站项目主体工程完工，全球最大单机容量海上风电机组在汕尾下线，省管海域红海湾场址200万千瓦海上风电项目正式获准建设。港口航线布局不断优化，"汕头广澳—深圳蛇口组合港"通关模式试运行，南澳县前江码头对台小额贸易实现首航，小漠港区首条大湾区港澳航线开通。绿美建设扎实有力，陆丰新添"岭南滨海生态城"名片，南澳海岛国家森林公园等绿美广东生态建设示范点加快建设。

一、汕头

　　海上风电产业加快串珠成链。举办汕头国际风电创新港产业项目开工签约大会和风电技术创新大会，项目签约金额360亿元。华能汕头勒门（二）60万千瓦海上风电场项目正式并网投运。广东省风电临海试验基地投入使用（图

3-9），"海神平台16+兆瓦"全海域大容量风电机组在汕头智能制造基地组装下线，全球最大的40兆瓦级动力学六自由度风电机组加载实验平台开工建设。汕头国际风电创新港建设提速，15个项目已落地。

海洋生态文明建设扎实有力。汕头市海洋生态保护修复项目获中央资金3亿元支持。南澳岛入选2023年自然资源部公布的"和美海岛"名单，南澳县被评为全国县域旅游发展潜力百佳县。澄海义丰溪海岸线生态修复项目被列入绿美广东生态建设示范点。澄海区获评国家生态文明建设示范区，龙湖区、南澳县入选全国首批自然资源节约集约示范县。

涉海重大基础设施加快建设。汕头广澳港区铁路汕头海

图3-9 广东省风电临海试验基地
（汕头市供电局供图）

湾隧道"鲇岛号"盾构机顺利始发。跨汕头湾新通道前期工作加快推进。广澳港区三期工程获省发展和改革委员会核准立项，通过自然资源部用海用岛审查。广澳港区2万吨级石化码头主体基本完工。牛田洋快速通道、南澳联络线、京灶大桥、梅潭大桥、潮汕大桥加快建设。

二、潮州

海洋渔业发展提质增效。列入省现代化海洋牧场建设先行市，入选省粤东种业创新与繁育中心、碳汇渔业示范区名单。全省首个花鲈省级良种场加速建设，32个育苗池已初步建成。全力打造陆基中高密度海水温棚养殖基地，2023年，饶平县中高密度陆基温棚养殖企业达49家，年产量2 500吨，养殖效益较传统池塘养殖提高4～6倍。市内首批加强型重力式深水网箱正式投产，累计总投资额达4.28亿元，饶平县成为全省加强型重力式深水网箱投产最多的县。国内海水种业龙头企业海大集团落户饶平县，谋划打造"广东省海水育苗现代产业园"。

临港产业发展不断壮大。海洋清洁能源产业蓬勃发展，广东潮州华瀛LNG接收站项目主体工程完工（图3-10）。大唐潮州电厂5-6号机组开工建设。全市沿海已建成风电场4个，装机规模196.5兆瓦，年发电量4.0亿千瓦时。海洋工程

图3-10　广东潮州华瀛LNG接收站项目
（潮州港经济开发区供图）

项目加快推进，金狮湾港区亚太燃油仓储有限公司公共通用码头项目已完成护岸工程、防波堤工程、码头工程和海防路建设。潮州港新增大型港口装卸生产设备，有效提升集装箱作业效率。汛洲岛跨海供水工程建成通水。港口集疏运能力不断提升，2023年全市沿海港口货物吞吐量为1 632.2万吨，其中外贸货物吞吐量1 049.2万吨，同比增长44.2%。

海洋生态保护修复工程加快推进。总投资1 600万元的饶平县大埕湾海岸线生态环境整治项目竣工验收。总投资5.05亿元的广东潮州海洋生态保护修复工程项目加紧推进。

澄饶联围综合整治（一期）工程水闸部分开工建设，项目总投资1.29亿元。持续强化海上违规养殖清理整治工作，严厉打击非法吊养及禁养区内网箱养殖行为，清理整治违法违规吊养养殖面积约4.95万亩，近岸海域优良水质面积比例达到77.3%，海洋生态环境持续改善。

三、汕尾

现代海洋牧场加快建设。举办中国（汕尾）海洋经济产业大会，重点引进海洋牧场、海洋工程装备等20个投资项目，投资总额为604.35亿元。全国首个零碳现代化海洋牧场示范项目——江牡岛海域海洋牧场开放式养殖用海项目成功落户。全国首个布置于台风无掩护海域的桩基桁架式"风渔融合"型海洋牧场、全国首个具备综合科研实验功能的"风渔融合"项目——中广核（陆丰）风渔融合海洋牧场项目建设加速（图3-11）。汕尾（马宫）渔港经济区、红海湾遮浪渔港、陆丰渔港经济区加快建设，5个总库容8万吨的冷链物流项目基本建成。

千万千瓦海上风电基地加快打造。红海湾实验室完成首期工程建设，与广东省科学院和广东工业大学合作共建汕尾产业技术创新服务中心、汕尾市广工大协同创新研究院等两个协同创新平台，赋能海洋风电产业提质增效。红海湾三、

图3-11 中广核（陆丰）风渔融合海洋牧场项目
（汕尾市农业农村局供图）

四、五海上风电项目获得核准，装机总容量150万千瓦。完成550万千瓦海上风电项目竞争性配置工作，共吸引了华润、中广核、深能源、中海油等7家大型央企、国企参与海上风电开发建设。截至2023年底，已并网投运后湖海上风电场、甲子一海上风电场、甲子二海上风电场3个海上风电项目，装机总容量140万千瓦，建成了粤东地区首个超百万千瓦级海上风电基地。

海洋文旅产业加速融合。出台全省首部促进文旅融合发展地方条例，牵头成立中国红色旅游研学发展城市联盟，入列文旅康养城市联盟，螺洞世外梅园旅游区成功创建国家AAAA级旅游景区。获得"广东省渔歌之乡"等多个荣誉称号。举办2023中国（汕尾）文旅融合发展大会，共有14个文旅产业项目签约，计划总投资100.3亿元。"奔向海陆丰——坐着高铁来赶海""周末游汕尾"等文旅融合发展系列活动持续释放文旅市场消费潜力，全年接待游客突破3 400万人次，同比增长350.7%，总收入同比增长151.4%。

四、揭阳

绿色石化产业集群加速形成。中石油广东石化炼化一体化项目全面投产，累计已完成投资756.6亿元，2023年累计实现工业产值约950亿元，显著拉动全市工业快速增长，全年地区生产总值和规模以上工业增加值增速均名列全省第一。吉林石化ABS项目全面投产，巨正源（揭阳）新材料基地项目开工建设。以广东石化项目为"超级链主"，伊斯科、巨正源、东粤化学为"强链主"的"一超多强"上下游高度关联、产业特色鲜明、产业一体化协同发展的千亿级产业集群初步成形。

海上风电产业集群初具雏形。神泉一（二期）海上风电全容量并网，推动揭阳海上风电投产容量累计突破90万千瓦（图3-12），年发电量超30亿千瓦时。全省首个5G深覆盖海上风电场——国家电投揭阳慈航海风场网络覆盖成功交付，助力海上风电信息化探索迈出坚实步伐。粤东地区首个

图3-12 国家电投90万千瓦海上风电项目
（揭阳市自然资源局供图）

海上风电运维中心成功落户。围绕海上风电产业链上游主机、叶片、塔筒、钢管桩、海缆等部件的生产制造，对应引进了美国通用电气、蓝水、远景、明阳、天顺、亨通等一批项目。

海洋牧场建设加速推进。惠来海洋牧场示范项目正式启动建设，规划养殖面积194.6平方千米，产量预计达到8万吨，产值约137亿元。"惠鲍1号"大型深水鲍鱼养殖网箱、前詹风电桁架式网箱等项目扎实推进，国家电投粤东海洋牧场产业研发中心揭牌。国家电投"新能源+海洋牧场"融合创新示范基地在惠来神泉开工，将构建"海上发电、海下牧渔"发展新模式，推进养殖、海工、装备、碳汇多领域融合创新。

▶ 第三节 ◀ 粤西地区

粤西地区世界级临港产业加速集聚，宝钢湛江钢铁、湛江中科炼化、湛江巴斯夫、东华能源（茂名）和阳江青洲海上风电等一批绿色石化、能源项目建设陆续开工投产。涉海重大交通设施建设提速，阳江港进港航道完成改造，湛江港拆装箱一期主体工程基本完工，吉达港区进港航道开通运行。海洋生态文明成效显著，湛江制定《湛江市红树林湿地保护条例》，发布全国首个地级市红树林保护修复规划，阳江建成"牧海耕田"示范带，茂名水东湾新城海岸带综合示范区高分通过验收。对外开放合作持续深化，"深湛组合港"正式启动，开通"阳江—盐田"海铁联运班列，成功举办2023广东国际水产博览会、海陵岛国际风能大会（2023）等展会活动。

一、湛江

海洋牧场建设取得新成效。印发《湛江市现代化海洋牧场建设行动方案（2023—2035年）》，出台《湛江市支持现代化海洋牧场高质量发展十五条措施》等政策，支持种业、装备、养殖、科技、金融保险等多个领域与关键环节，全力打造现代化海洋牧场建设示范市。汇编金融支持海洋牧场发展20项产品服务清单，开展7场"一县（市、区）一场"产业投融资对接会，搭建企业与金融机构有效对接合作桥梁，服务优质企业超300家，达成融资意向近200亿元。编制水产种业发展布局规划，水产苗种场达480家，国家级水产良种场数量占全省40%。湛江湾实验室龙王湾园区落成，智慧渔业大数据中心启用，南海海洋牧场智能装备广东省重点实验室揭牌。海上养殖平台"海威2号"（图3-13）、全国首台"广东造"自升式桁架类网箱"联塑L001"下水投产，

图3-13　海上养殖平台"海威2号"
（湛江市自然资源局供图）

深海养殖网箱增至3 563个。全国首个金鲳鱼全产业链标准体系初步建立，金鲳鱼产业集群获批创建国家优势特色产业集群，启动官渡生蚝产业园建设，全市水产产业链年产值超700亿元。

临港产业加速集聚。巴斯夫（广东）一体化基地完成投资超100亿元，首期项目建成投产，核心装置全面开工。宝钢湛江钢铁国内首套百万吨级氢基竖炉项目建成投产，廉江核电一期项目完成投资57.1亿元，中科炼化2号EVA项目开工，乌石油田群开发项目进展顺利。国家电投湛江徐闻海上风电场300兆瓦增容项目海上主体工程动工。全国首个海上油田群储能电站——涠洲电网储能电站全容量并网投用。

涉海交通基础设施建设提档升级。湛江国家骨干冷链物流基地入选2023年国家骨干冷链物流基地建设名单。湛江港口型国家物流枢纽入选2023年国家物流枢纽建设名单。湛江市入选国家现代流通战略支点城市建设名单。湛江港拆装箱一期主体工程基本完工，东海岛港区航道工程完成交工验收，湛江港宝满港区集装箱码头一期扩建工程开工，徐闻港客滚轮渡港口国家级服务业标准化试点通过中期评估，湛江巴斯夫项目大件码头建成投用。鹭洲跨海大桥、环城高速公路南三岛大桥、海川大道扩建等项目建成通车，疏港大道扩建工程完工。广湛高铁湛江湾海底隧道工程稳步推进。

开放合作持续深化。2023广东国际水产博览会圆满举办。新增"湛江—温州""湛江—宁波"等内贸班轮航线。作为首个大湾区外港口，成功启动"深湛组合港"。"湛江—越南/泰国/马来西亚/印度快线"成功首航，不断畅通湛江外贸集装箱海运物流通道。深度参与西部陆海新通道建设，运营海铁联运班列37条，开行中欧接续班列4条。与海南相向而行持续深化，开展新时代湛江徐闻港现代化水陆交通运输综合枢纽规划编制，琼州海峡客滚运输应急保障基地工程、徐闻港进港公路支线工程等项目开工建设；与海口市签订合作协议，琼州海峡一体化高质量发展示范区上升为省际合作平台。湛江港新增2条"湾港共建号"线路、6条"与海南相向而行"海铁联运线路、3条外贸集装箱班轮航线，粤琼海铁联运班轮"湾港共建号"进入常态化运营。

二、茂名

绿色石化产业集群加速崛起。截至2023年底，全市拥有各类石化企业700多家，其中规模以上企业300多家，炼油加工能力与乙烯生产能力居全国前列。投资超300亿元的茂名石化升级改造项目开工建设，国内首套液体橡胶装置建成投产。广东茂名绿能项目、东华能源（茂名）烷烃利用一期（Ⅰ）建成投产（图3-14），原油制化学品项目取得突破，

图3-14 东华能源（茂名）烷烃利用一期（Ⅰ）项目基地
［东华能源（茂名）有限公司供图］

一批代表新技术、新模式的新质生产力加快形成。

涉海交通基础设施建设提速。博贺新港区10万吨级油品码头、5万吨级化工码头、4.38千米公共管廊完成建设。吉达港区东作业区进港航道工程已完成，东二港池的1#、2#液体散货泊位工程顺利竣工，防波堤一期项目建设全力加速。茂名东站至博贺港区铁路正式建成开通，将成为粤西地区的货运集散地。

海洋科技创新服务平台建设持续高水平推进。截至2023年底，全市拥有2个涉海院士专家企业工作站，累计认定海洋相关省级工程技术研究中心11家、市级工程技术研究中心23家。岭南现代农业科学与技术广东省实验室茂名分中心等多个重大创新平台加快建设。与华南农业大学、广东海洋大学、中科院南海海洋研究所等一批高校、科研院所签订产学研合作协议，30多家企业分别与中国海洋大学、上海海洋大学等10多家高等院校、科研院所建立长期稳定的合作关系，海洋科技创新支撑能力显著提升。

海洋生态保护修复取得重大进展。持续加强海洋生态环境整治修复，全力构建经济发展的蓝色生态屏障。截至2023年底，全市大陆自然岸线保有率46.95%，达到省下达的40%的指标要求并位居全省前列。海洋自然保护地面积1.006 8万公顷。大力开展博贺湾整治工程项目，水东湾新城圆满完成海岸带综合示范区建设，水东湾海洋公园（一期）建设项目成为全省3个首批美丽海湾试点之一。茂名滨海公园、放鸡岛分别获评广东省十大美丽海岸、美丽海岛。茂名油页岩矿区矿山地质环境治理项目入选省第二届国土空间生态修复十大范例。

三、阳江

金融支持海洋经济发展能力不断提升。扎实推进实施"金融+海洋"工程，出台《关于金融支持海洋经济高质量发展的若干措施》《金融支持现代化海洋牧场高质量发展的实施意见》，强化对蓝色金融工作的政策引领。编制《阳江市金融支持海洋牧场金融产品信息汇总》，有效促进金融机构与企业高效对接。搭建对接平台，举办广东金融学会绿色金融南粤行（阳江站）暨阳江绿色产融合作对接会、漠江金融论坛（绿色金融专题）暨阳江碳减排企业融资对接会等活动，促进金融机构与海洋产业企业进行现场签约授信。发放粤西首笔海洋碳汇预期收益权质押贷款，有效拓宽绿色融资渠道。推出"水产致富贷""蚝情贷""船舶贷"等创新金融产品，为促进海洋产业发展提供资金保障。

海洋牧场建设取得实效。截至2023年底，全市重力式深水网箱增至866口，年产量超10万吨，产值超30亿元，深水网箱数量和养殖产量均居全省前列。"海洋牧场+海上风电"融合发展取得较大进展，全球首台"风渔融合一体化智能养殖网箱"实现首网收鱼，国内首创的渔风融合智慧渔业养殖平台项目开工。闸坡国际海产交易市场、漠阳农批粤西水产品交易市场建成运营。

海上风电全产业链加速发展。构建风电全产业生态链，成功举办海陵岛国际风能大会（2023）（图3-15），签约项目12个，主要涉及海上风电集约化运维中心、海上装备智能制造、海上风电+海洋牧场、共享储能等合作事项。青洲一、青洲二、青洲四等150万千瓦项目完成建设，三山岛300万千瓦项目完成竞争配置，南网区域首个海上风电配套建设储能电站示范项目并网投产。启动建设广东（阳江）国际风电城核心区，东方海缆、中材叶片、天顺风能、蓝水海工装备基地等海上风电、高端海工装备制造项目动工、投产。世界首座500千伏交流海上升压站、世界首条500千伏三芯海底电缆在阳江青洲一、青洲二项目中成功运用。

图3-15　海陵岛国际风能大会（2023）现场
（阳江市自然资源局供图）

04

第四章

2024年广东海洋经济工作计划

以习近平新时代中国特色社会主义思想为指导，全面贯彻党的二十大精神和二十届二中全会精神，深入贯彻习近平总书记视察广东重要讲话、重要指示精神，全面落实省委"1310"具体部署，以及省委十三届四次全会暨省委经济工作会议、省高质量发展大会、省政府工作报告等的要求，强化陆海统筹联动，优化海洋开发利用，做大做强做优现代海洋产业，不断提升经略海洋的核心竞争力，努力在打造"海上新广东"上取得新突破。

一、坚持向海而兴、向海图强，系统谋划推进"海上新广东"建设

加快制定促进海洋经济高质量发展条例，探索政策性创新，构建具有广东特色的海洋经济发展支撑体系。制定海洋强省建设评价指标体系，开展全面建设海洋强省情况评估，标定海洋强省建设的着力点、突破点。出台省海岸带及海洋空间规划，组织沿海地市编制市级海岸带及海洋空间规划，推进陆海一体化保护和协同发展。高质量编制粤港澳大湾区环珠江口100公里"黄金内湾"概念规划，支撑环珠江口地区一体化建设创新开放高地。出台现代海洋城市建设指导意

见，着力打造一批高水平海洋经济高质量发展示范区，支持推进广州海洋创新发展之都、深圳全球海洋中心城市建设，支持珠海、汕头、湛江、阳江、汕尾等市建设特色型现代海洋城市。强化港产城整体布局，着力完善涉海交通基础设施，加快大型集装箱码头和疏港铁路建设，进一步打通跨江跨海和出省大通道。

二、坚持一二三产业协同发展，打造更具国际竞争力的现代海洋产业体系

坚持"制造业当家"，建设更具国际竞争力的现代化海洋产业体系。培育壮大现代化海洋牧场、海洋油气化工等万亿级产业集群，聚力打造海洋清洁能源、海洋船舶与海工装备等千亿级产业集群。大力发展海洋电子信息、海洋新材料、海洋生物医药等新兴产业，加快形成和发展新质生产力。建设海上牧场、"蓝色粮仓"，大力发展深远海养殖和智慧渔业，推动海洋渔业向信息化、智能化、现代化转型升级。规模化开发海上风电，支持阳江国际风电城、汕头国际风电创新港、汕尾海上风电装备制造及工程基地等建设。整体打造海上油田，加大海洋油气资源勘探开发力度，提升油气供应保障能力，推进乌石、恩平、惠州等油田群建设和南海天然气水合物开采，加快深圳、珠海、惠州、潮州等地

LNG接收及储气设施建设。加快建设海上装备，支持海工等重大装备研制及产业化。发展高品质海上旅游，建设滨海旅游带和生态文化旅游带，探索推动"跨岛游"，以游艇业为重点积极培育新业态，推动粤港澳游艇"自由行"。加快湛江巴斯夫、中海壳牌惠州三期等重大外资项目建设，推动埃克森美孚惠州乙烯一期等建成投产，鼓励和支持现有项目增资扩产。

三、坚持科技创新与制度创新一体推进，不断激发海洋强省建设动力活力

加强高水平海洋创新平台建设。加快推进南方海洋科学与工程广东实验室、天然气水合物勘查开发国家工程研究中心建设，建好用好冷泉生态系统研究装置、大洋钻探船等海洋资源勘探开发"国之重器"。高标准建设国家海洋综合试验场（珠海）、海洋综合科考基地、省级海洋大数据平台，推动国家深海、极地综合保障基地落户广东。开展海洋关键核心技术和装备研发攻关。深入实施涉海科技领域各类省级科技计划，启动海洋科技重大专项旗舰项目指南编制，在海洋牧场、海上风电、天然气水合物、船舶与海洋工程装备制造、海洋电子信息、智慧边海防等领域开展关键核心技术攻关和产品、装备研发。创新海洋资源要素供给新模式，全力

做好重大项目用海用岛服务支撑，加快推进围填海历史遗留问题处置，完善海域使用权立体分层设权配套措施。强化海洋公共基础设施建设，摸清全省海洋公共基础设施家底，探索建立共建共享机制，提高服务保障能力。

四、坚持开发与保护一体推进，建设绿色可持续的海洋生态环境

推进海洋生态保护修复"五大工程"，加强海洋环境监测，强化岸线精细管控和生态修复，深化入海排污口整治、海水养殖尾水治理、港口和船舶污染防治，稳步提升近岸海域水质。加强海岸线保护利用，出台《海岸线保护整治修复实施方案（2023—2025年）》，落实海岸线占补制度，规范海岸线占补实施流程，强化海岸线整治修复监管。高标准建设深圳国际红树林中心，加快建设江门台山、湛江雷州和徐闻、惠州惠东等万亩级红树林示范区，打造一批红树林种植–养殖耦合示范基地，高标准高质量高效率推进红树林营造修复工作。发展海洋碳汇，开展碳汇开发交易试点。加强海岛分类保护利用和滨海湿地恢复，打造魅力沙滩、美丽海湾。深入推进近岸海域污染防治，加强入海排污口监管，稳步推进问题排污口整治。强化海洋智能网格预报，构建"岸–海–空–天"立体化海洋预警监测体系，全面加强海洋

观测预警体系建设。继续做好海平面变化、海岸侵蚀、海水入侵、海洋生态等调查评估工作，以高水平的海洋预警监测工作助推广东省海洋经济高质量发展。

五、坚持扩大高水平对外开放，全面塑造海洋发展新优势

纵深推进新阶段粤港澳大湾区建设，做深做实海洋科技、海洋旅游、海洋服务等产业合作，高水平建设横琴、前海、南沙、河套等重大合作平台，全力打造高质量发展重要动力源、全国经济重要增长极。加强国际合作创新，推动建设具有全球影响力和引领力的海洋国际合作创新机制，积极参与联合国"海洋十年"框架下的计划、项目及活动，推动涉海国际组织在广东设立分支机构。建设海洋文化展示窗口，扎实推进深圳海洋博物馆、大湾区水下考古国际合作中心建设，推进海上丝绸之路申遗。制定更大力度吸引和利用外资的政策，大力开展产业链招商、驻点招商、以侨引商，引进一批标志性的涉海重大项目。推动外贸提质增效，发挥好中国海洋经济博览会、广东21世纪海上丝绸之路国际博览会、海陵岛国际风能大会等重要平台作用，扩大优势涉海产品进出口和招商引资规模。大力建设智慧口岸，优化重点海运航线，推动中欧班列提质增效。

主要指标解释

1．海洋经济：开发、利用和保护海洋的各类产业活动，以及与之相关联活动的总和。依据《海洋及相关产业分类》（GB/T 20794—2021），海洋经济活动分为海洋产业、海洋科研教育、海洋公共管理服务、海洋上游相关产业和海洋下游相关产业。

2．海洋产业：包括海洋渔业、沿海滩涂种植业、海洋水产品加工业、海洋油气业、海洋矿业、海洋盐业、海洋船舶工业、海洋工程装备制造业、海洋化工业、海洋药物和生物制品业、海洋工程建筑业、海洋电力业、海水淡化与综合利用业、海洋交通运输业、海洋旅游业等。

3．海洋生产总值（GOP）：海洋经济生产总值的简称，指按市场价格计算的我国常住单位在一定时期内海洋经济活动的最终成果，是各海洋及相关产业增加值之和。

4．增加值：指按市场价格计算的常住单位在一定时期内生产与服务活动的最终成果。

5．海洋渔业：包括海水养殖、海洋捕捞、海洋渔业专业及辅助性活动。

6．沿海滩涂种植业：指在沿海滩涂种植农作物、林木的活动，以及为农作物、林木生产提供的相关服务活动。

7．海洋水产品加工业：指以海水经济动植物为主要原料加工制成食品或其他产品的生产活动。

8．海洋油气业：指在海洋中勘探、开采、输送、加工石油和天然气的生产和服务活动。

9．海洋矿业：指采选海洋矿产的活动。包括海岸带矿产资源采选、海底矿产资源采选。不包括海洋石油和天然气资源的开采活动。

10．海洋盐业：指利用海水（含沿海浅层地下卤水）生产以氯化钠为主要成分的盐产品的活动。

11．海洋船舶工业：包括海洋船舶制造、海洋船舶改装拆除与修理、海洋船舶配套设备制造、海洋航标器材制造等活动。不包括海洋工程类船舶、海洋科考船、海洋调查船制造和修理活动。

12．海洋工程装备制造业：指人类开发、利用和保护海洋活动中使用的工程装备和辅助装备的制造活动，包括海洋矿产资源勘探开发装备、海洋油气资源勘探开发装备、海洋风能与可再生能源开发利用装备、海水淡化与综合利用装备、海洋生物资源利用装备、海洋信息装备、海洋工程通用装备等海洋工程装备的制造及修理活动。

13．海洋化工业：指利用海盐、海洋石油、海藻等海洋原材料生产化工产品的活动。

14．海洋药物和生物制品业：指以海洋生物（包括其代谢产物）和矿物等物质为原料，生产药物、功能性食品以及生物制品的活动。

15．海洋工程建筑业：指用于海洋开发、利用、保护等用途的工程建筑施工及其准备活动。

16．海洋电力业：指利用海洋风能、海洋能等可再生能源进行的电力生产活动。

17．海水淡化与综合利用业：包括海水淡化、海水直接利用和海水化学资源利用等活动。

18．海洋交通运输业：指以船舶为主要工具从事海洋运输以及为海洋运输提供服务的活动。

19．海洋旅游业：指以亲海为目的，开展的观光游览、休闲娱乐、度假住宿和体育运动等活动。

20．海洋科研教育：包括海洋科学研究、海洋教育。

21．海洋公共管理服务：包括海洋管理，海洋社会团体、基金会与国际组织，海洋技术服务，海洋信息服务，海洋生态环境保护修复，海洋地质勘查等。

22．海洋上游相关产业：包括涉海设备制造、涉海材料制造。

23．海洋下游相关产业：包括涉海产品再加工、海洋产品批发与零售、涉海经营服务。